電子・デバイス部門
- 量子物理
- 固体電子物性
- 半導体工学
- 電子デバイス
- 集積回路
- 集積回路設計
- 光エレクトロニクス
- プラズマエレクトロニクス

新インターユニバーシティシリーズのねらい
編集委員長 稲垣康善

　各大学の工学教育カリキュラムの改革に即した教科書として，企画，刊行されたインターユニバーシティシリーズ*は，多くの大学で採用の実績を積み重ねてきました．

　ここにお届けする新インターユニバーシティシリーズは，その実績の上に深い考察と討論を加え，新進気鋭の教育・研究者を執筆陣に配して，多様化したカリキュラムに対応した巻構成，新しい教育プログラムに適し学生が学びやすい内容構成の，新たな教科書シリーズとして企画したものです．

*インターユニバーシティシリーズは家田正之先生を編集委員長として，稲垣康善，臼井支朗，梅野正義，大熊繁，縄田正人各先生による編集幹事会で，企画・編集され，関係する多くの先生方に支えられて今日まで刊行し続けてきたものです．ここに謝意を表します．

新インターユニバーシティ編集委員会

編集委員長	稲垣 康善	(豊橋技術科学大学)
編集副委員長	大熊 繁	(名古屋大学)
編集委員	藤原 修	(名古屋工業大学)[共通基礎部門]
	山口 作太郎	(中部大学)[共通基礎部門]
	長尾 雅行	(豊橋技術科学大学)[電気エネルギー部門]
	依田 正之	(愛知工業大学)[電気エネルギー部門]
	河野 明廣	(名古屋大学)[電子・デバイス部門]
	石田 誠	(豊橋技術科学大学)[電子・デバイス部門]
	片山 正昭	(名古屋大学)[通信・信号処理部門]
	長谷川 純一	(中京大学)[通信・信号処理部門]
	岩田 彰	(名古屋工業大学)[計測・制御部門]
	辰野 恭市	(名城大学)[計測・制御部門]
	奥村 晴彦	(三重大学)[情報・メディア部門]

通信・信号処理部門
- 情報理論
- 確率と確率過程
- ディジタル信号処理
- 無線通信工学
- 情報ネットワーク
- 暗号とセキュリティ

新インターユニバーシティ

パワーエレクトロニクス

堀 孝正 ●編著

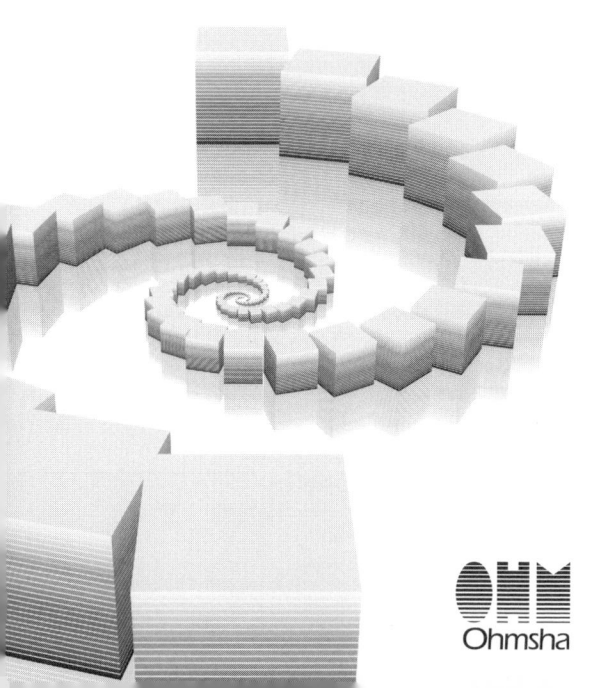

Ohmsha

「新インターユニバーシティ パワーエレクトロニクス」
執筆者一覧

編著者	堀　孝正（愛知工科大学）	[序章, 2章]
執筆者	鳥井　昭宏（愛知工業大学）	[1章]
（執筆順）	植田　明照（愛知工業大学）	[3, 4章]
	恩田　一（元静岡理工科大学）	[5, 6章]
	林　和彦（名城大学）	[7, 8章]
	松井　景樹（中部大学）	[9, 10章]
	石田　宗秋（三重大学）	[11, 12章]

本書を発行するにあたって，内容に誤りのないようできる限りの注意を払いましたが，本書の内容を適用した結果生じたこと，また，適用できなかった結果について，著者，出版社とも一切の責任を負いませんのでご了承ください．

本書は，「著作権法」によって，著作権等の権利が保護されている著作物です．本書の複製権・翻訳権・上映権・譲渡権・公衆送信権（送信可能化権を含む）は著作権者が保有しています．本書の全部または一部につき，無断で転載，複写複製，電子的装置への入力等をされると，著作権等の権利侵害となる場合があります．また，代行業者等の第三者によるスキャンやデジタル化は，たとえ個人や家庭内での利用であっても著作権法上認められておりませんので，ご注意ください．
本書の無断複写は，著作権法上の制限事項を除き，禁じられています．本書の複写複製を希望される場合は，そのつど事前に下記へ連絡して許諾を得てください．

出版者著作権管理機構
（電話 03-5244-5088，FAX 03-5244-5089，e-mail: info@jcopy.or.jp）

JCOPY ＜出版者著作権管理機構　委託出版物＞

目　次

序章　パワーエレクトロニクスの学び方
1　パワーエレクトロニクスの意味と歴史を見てみよう ……………………………… *1*
2　パワーエレクトロニクスはどう役立っているのだろう …………………………… *3*
3　電力の変換と制御とは何をすることなのだろう …………………………………… *5*
4　電力の変換と制御の基本原理を理解しよう ………………………………………… *6*
5　本書の構成と学び方 …………………………………………………………………… *8*

1章　電力変換の基本回路とその応用例
1　パワー半導体デバイスの図記号を知ろう …………………………………………… *9*
2　電力変換の基本回路を見てみよう …………………………………………………… *11*
3　電力変換の応用例を見てみよう ……………………………………………………… *14*
まとめ ……………………………………………………………………………………… *19*
演習問題 …………………………………………………………………………………… *19*

2章　電力変換回路で発生するひずみ波形の電圧，電流，電力の取扱い方
1　ひずみ波形の電圧，電流，電力の取扱い方を理解しよう ………………………… *20*
2　ひずみ波形の電圧，電流は機器にどのような影響を与えるのだろうか ………… *26*
まとめ ……………………………………………………………………………………… *30*
演習問題 …………………………………………………………………………………… *30*

3章　パワー半導体デバイスの基本特性（1）
―デバイスの種類，ダイオードとサイリスタ―
1　パワー半導体デバイスの種類について考えてみよう ……………………………… *31*
2　ダイオードの構造と動作原理を見てみよう ………………………………………… *33*
3　サイリスタの構造と動作原理を見てみよう ………………………………………… *34*
まとめ ……………………………………………………………………………………… *43*
演習問題 …………………………………………………………………………………… *43*

目次

4章 パワー半導体デバイスの基本特性（2）
　　　　—パワートランジスター—

1　パワートランジスタの構造と動作原理を見てみよう ………… 44
2　パワーMOSFETの構造と動作原理を見てみよう …………… 47
3　IGBTの構造と動作原理を見てみよう ………………………… 49
4　各種デバイスを比較してみよう ………………………………… 51
　まとめ ……………………………………………………………… 54
　演習問題 …………………………………………………………… 54

5章 電力の変換と制御（1）
　　　　—スイッチングによる電力変換—

1　電力の変換のしくみを考えてみよう …………………………… 55
2　電力変換のためのスイッチに要求される条件を考えてみよう … 57
3　スイッチングを利用して電圧を変えてみよう ………………… 59
　まとめ ……………………………………………………………… 65
　演習問題 …………………………………………………………… 65

6章 電力の変換と制御（2）
　　　　—スイッチングデバイスのオンオフと損失—

1　スイッチングデバイスをオンオフするための回路を考えてみよう … 66
2　スイッチングデバイスの損失を考えてみよう ………………… 70
3　デバイスを守るための工夫を見てみよう ……………………… 73
　まとめ ……………………………………………………………… 79
　演習問題 …………………………………………………………… 79

7章 サイリスタコンバータの原理と特性（1）
　　　　—単相整流回路—

1　単相半波ダイオード整流回路の動作特性を理解しよう ……… 80
2　インダクタンスはどのように作用するのだろう ……………… 81
3　いろいろな単相ブリッジ整流回路のしくみ …………………… 86
　まとめ ……………………………………………………………… 92
　演習問題 …………………………………………………………… 92

目次

8章　サイリスタコンバータの原理と特性（2）
―三相整流回路，サイクロコンバータ―

1　三相サイリスタブリッジ整流回路の動作を理解しよう ……………… *94*
2　転流リアクタンスによって整流特性はどう変わるのだろう ………… *97*
3　サイリスタを使って交流電力の調整をしてみよう …………………… *99*
4　サイクロコンバータのしくみを見てみよう …………………………… *100*
まとめ ………………………………………………………………………… *103*
演習問題 ……………………………………………………………………… *103*

9章　DC-DC コンバータの原理と特性（1）
―降圧チョッパと昇圧チョッパ―

1　直流チョッパ（ハードスイッチング）の動作を理解しよう ………… *104*
2　共振形コンバータ（ソフトスイッチング）の動作を理解しよう …… *113*
まとめ ………………………………………………………………………… *117*
演習問題 ……………………………………………………………………… *117*

10章　DC-DC コンバータの原理と特性（2）
―スイッチングレギュレータ―

1　フォワードコンバータ …………………………………………………… *118*
2　フライバックコンバータの動作を理解しよう ………………………… *120*
まとめ ………………………………………………………………………… *124*
演習問題 ……………………………………………………………………… *124*

11章　インバータの原理と特性（1）
―インバータの基本回路から三相回路まで―

1　直流から交流を作るにはどうすればよいか …………………………… *125*
2　理想スイッチを実際のパワー半導体デバイスで置き換えよう ……… *128*
3　インバータ出力電圧をどのようにして制御すればよいか …………… *131*
4　インバータを多相化するにはどうすればよいか ……………………… *133*
まとめ ………………………………………………………………………… *135*
演習問題 ……………………………………………………………………… *135*

12章　インバータの原理と特性（2）
―出力波形の改善と三相インバータの応用―

1　出力波形を正弦波に近づけるにはどうすればよいか ………………… *136*

目次

 2 インバータの入出力を逆にして利用してみよう
   （自励式 PWM 整流器の実現） ································ 141
 3 インバータで交流電動機を駆動してみよう ················· 143
 まとめ ·· 146
 演習問題 ··· 146

参考図書 ··· 147
演習問題解答 ··· 149
索　　引 ··· 158

■ コラム一覧 ■

- 直流偏磁 ·· 29
- 半導体と pn 接合 ·· 32
- スイッチ ·· 59
- PAM 方式による電力変換 ····································· 78
- PWM 整流器・PWM インバータの組み合わせと
 マトリクスコンバータ ·· 145

序章

パワーエレクトロニクスの学び方

パワーエレクトロニクスとは何のことを意味するのだろうか. どんな基本技術から成り立っているのだろうか. パワーエレクトロニクスのあらましを説明しよう.

1 パワーエレクトロニクスの意味と歴史を見てみよう

今日では，**パワーエレクトロニクス**（power electronics）という言葉はパワー半導体デバイスを用いて電力の変換，制御および電力回路の開閉などを行う技術とその応用分野を意味するものと考えられているが，この意味付けがどのようにして定着してきたのか，歴史を見てみよう.

トランジスタ（transistor）が 1948 年に発明され，エレクトロニクス時代が始まった. それ以前は，真空中の電子の流れを制御できる真空管が通信，放送，音響などの装置に使用されていたが，エレクトロニクス時代の幕開けとともに，真空管はトランジスタに置き換わり急速に使われなくなった. 1960 年代以降は，トランジスタから IC（集積回路，Integrated Circuit），LSI（大規模集積回路，Large Scale IC）と，新しいデバイスが次々と開発され**マイクロエレクトロニクス**（microelectronics）隆盛の時代となり今日に至っている. マイクロエレクトロニクスは小さな信号を扱う通信，情報，計測，制御の分野で大きな発展を遂げている.

一方，パワーを扱う技術はどのようなものだったのだろうか. 真空管が出現してほどなく，大電流を扱うことができるガス入り放電管（サイラトロンやイグナイトロンなど）が発明され，数百 W から数 kW 級以上の電力が制御できるようになり，1930 年代には既にサイラトロンによる電動機制御が実用化された. 現在のパワーエレクトロニクスの，主要技術の一部はこの時代に形成された.

1950 年代には数百 kW 以上の電力が処理できる大容量水銀整流器が実用期に入り，電源装置，電気鉄道，産業用電動機制御，直流送電などに適用され，水銀整流器時代を築いた. しかし，1957 年に米国 GE 社でパワー半導体デバイスとしての**サイリスタ**（thyristor）（GE 社の商品名は SCR : Silicon Controlled Rectifier）が発明され，その大容量化が進むとともにサイリスタを用いた電力変換技術の実

用化が進んだ．水銀整流器は，放電現象を利用するという原理のため逆弧，失弧などの異常現象が発生しやすく，また小型化が難しいことなどのため，1960年代になって急速にその姿を消し，サイリスタが電力の変換，制御に主流を占めるようになった．

1960年代後半に入り，**パワー半導体デバイス**（power semiconductor device）として，**ダイオード**（diode），**トランジスタ**，**サイリスタ**などの大容量化が進み，またパワー半導体デバイスを制御するためのエレクトロニクス技術も進歩したことから，電力（パワー）の制御にエレクトロニクス技術を使うことを広くパワーエレクトロニクスと呼ぶようになった．1974年になってW.E.Newell氏が**図1**を示してパワーエレクトロニクスという言葉の意味付けを行った．この結果，パワーエレクトロニクスとは，「**パワー**（power）と**エレクトロニクス**（electronics）と**コントロール**（control）の技術が完全に融合したもの」として，「パワー半導体

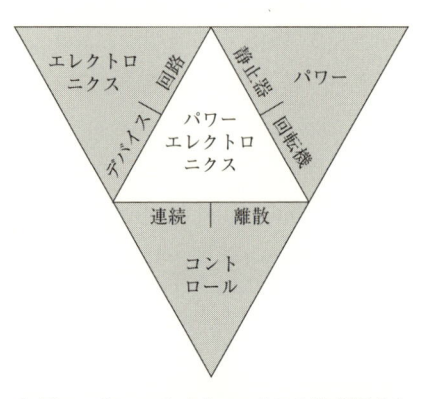

● 図1　パワーエレクトロニクスの構成領域 ●
［出典　電気学会編：半導体電力変換回路，電気学会（1987），p.1］

W.E.Newell氏の提唱した「パワーエレクトロニクス」とは

(IEEE Trans. IA-10 (1), 1974, pp. 7 ～ 11)

「Power Electronics is a technology which is interstitial to all three of major disciplines of electrical engineering : electronics, power, and control. Not only does power electronics involve a combination of the technologies of electronics, power, and control, as implied by the Fig. 1（図1），but it also requires a peculiar fusion of the view points which characterize these different disciplines.」

デバイスを用いて電力の変換，制御および電力回路の開閉などを行う技術とその応用分野を意味するものである．」として定着した．

21世紀になって，パワーエレクトロニクスの技術は成熟段階に入り，その応用分野をますます拡大している．いまや社会を支える基盤技術としてその重要性が認識されつつある．

2 パワーエレクトロニクスはどう役立っているのだろう

パワーエレクトロニクスが身近でどう役立っているのか，図2，3をもとに電車の制御と自然エネルギー利用発電の例について説明してみよう．

〔1〕 電車の制御

電車（地下鉄，都市近郊電車）では架線からの直流電力を，電車の床下に設置された電力変換回路で調整して，電動機の速度を制御している．

古い電車では，今でも抵抗を切り換えて直流電動機にかかる電圧を変えて速度を制御しているので，乗り心地は悪く，加速，減速時における抵抗による電力損失が大きい．パワー半導体デバイスが実用化されるようになってから，抵抗を切り換える代わりに，チョッパ回路による高周波でのオンオフ制御によって電圧を

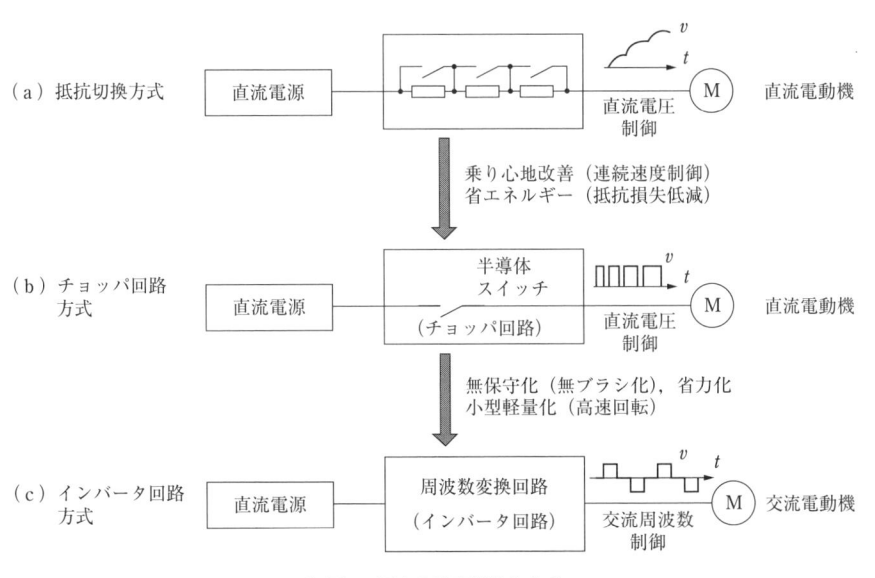

● 図2 電車の速度制御方式 ●

(a) 太陽光発電

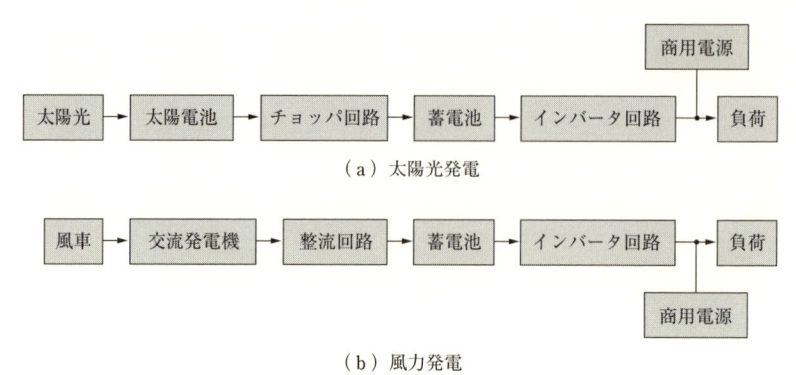

(b) 風力発電

● 図3 自然エネルギー利用発電におけるエネルギーの流れ ●

制御するチョッパ電車が1975年頃から使われるようになった．電圧制御が連続的に行えるので，速度が滑らかに制御できることから乗り心地が良くなり，また抵抗損失もなく効率が向上し，省エネルギー運転が可能になった．

しかし，直流電動機ではブラシと整流子があるため，定期的な保守点検が必要で，また高速で回転するのが難しかった．朝夕のラッシュ時など，電車の運転時間間隔を短くし加速，減速運転を頻繁に行い，また運転速度も高速化する必要性が高まってきたことから，直流電動機を制御する代わりに，直流を可変周波数の交流に変えるインバータで，かご形誘導電動機を駆動する方式のインバータ電車が1985年頃から広く用いられるようになった．これにより駆動部分が小型・軽量化され，加速・減速運転が容易で，しかも保守点検が簡単な電車が実現できた．

今では新幹線電車をはじめ新しい電車はインバータで駆動されるようになった．

〔2〕 **自然エネルギー利用発電**

電気は私たちの生活になくてはならないものであるが，電気の大部分は火力発電によるものである．火力発電で使用される化石燃料は有限であり，いずれは枯渇する．また，地球温暖化の原因となるCO_2を発生させ，酸性雨の原因ともなる．それに対し，太陽光や風力など自然エネルギーは無限で資源的に枯渇することはない．太陽光発電や風力発電など，自然エネルギーによる発電は無公害であり，その開発と実用化が進んでいる．

しかし，例えば風力発電では風の強弱により，太陽光発電では日照量の多少によって発電電力は変動するという欠点がある．一方，発電電力は日常生活に使用

されるので，交流電源として使用されるときは交流電圧と周波数が一定に保たれていること，直流電源として使用されるときは直流電圧が一定に保たれていることが望まれる．このことは，自然エネルギーによる発電では変動する発電電力を制御する必要があることを意味する．

時々刻々変動する電力を効率よく利用するためには，直流電圧の大きさを変えたり（**チョッパ回路**），交流を直流に変えたり（**整流回路**）あるいは直流を交流に変えたり（**インバータ回路**）するための回路が必要である．

以上，パワーエレクトロニクスによる電力の変換と制御の技術が私たちの身近で生活を豊かにするのに役立っていることを二つの例により説明した．ほかの応用例については1章に述べる．

3 電力の変換と制御とは何をすることなのだろう

パワーエレクトロニクスとはパワー半導体デバイスを用いて電力の変換，制御および電力回路の開閉などを行う技術や分野であると述べたが，電力の変換と制御とは何をすることなのだろうか．

図4について考えてみよう．**電力の変換**（power conversion）とは，電源と負荷の間で，電圧，電流，周波数（直流を含む），位相，相数のうち，一つ以上を変えることを意味する．ダイオード，トランジスタ，サイリスタなど，パワー半導体デバイスのスイッチ動作によって，理想的には電力損失を伴うことなく電力の変換を行う装置を**半導体電力変換装置**と呼んでいる．電力の変換では，電源（入力）から負荷（出力）に至るまでに電力の形態をどのように変えるかに着目している．一方，**電力の制御**（power control）とは，電圧，電流の大きさや周波数を制御することを意味し，制御入力に対する出力の関係に着目したものである．

電力の形態として最も重要な周波数に着目して，交流と直流の変換を入力と出

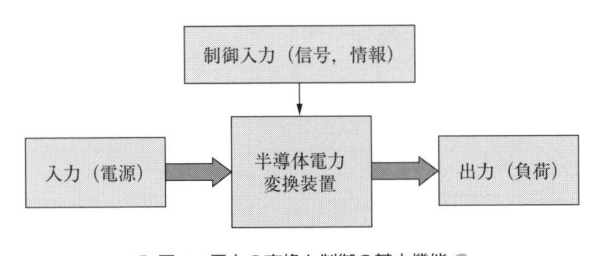

● 図4　電力の変換と制御の基本機能 ●

力の関係で表してみると，**表1**のようになる．入力が交流か直流かによって，また出力として交流を得たいか直流を得たいかによって，電力の変換方式が異なる．例えば，交流を直流に変えることが**順変換**，それを行うのが**整流器**（または整流装置），直流を交流に変えることが**逆変換**，それを行うのが**インバータ**である．交流を直流に変えるのは電力の変換であるが，変換と同時に直流の電圧や電流を調整する場合には，電力の変換と制御をともに行っているとみなせる．通常，電力の変換には必ずといってよいほど電力の制御が伴うものである．

● 表1　電力の変換 ●

入力（電源側） ＼ 出力（負荷側）	直 流	交 流
交 流	順変換（整流器）	交流電力調整／周波数変換（サイクロコンバータ）
直 流	直流変換（チョッパ）	逆変換（インバータ）

4　電力の変換と制御の基本原理を理解しよう

　電力の変換と制御を時間遅れなくしかも効率よく行うには，半導体スイッチが必要である．ここでは，**表2**によりスイッチを用いて電力の変換と制御の基本原理を説明しよう．

　方式1，2では，電源が交流なので，交流電源の電圧位相に合わせて$S_1 \sim S_4$を動作させることによって，直流電圧（平均値）や交流電圧（実効値）の大きさを変えることができる．

　方式3では，スイッチSをオンオフすることによって，負荷に加える直流電圧の平均値を任意に変えることができる．同じ大きさの直流平均電圧を発生させるにしてもオンオフの周波数を上げれば，脈動分の周波数が高くなるので，小型のフィルタで直流電圧波形を滑らかにすることができる．

　方式4では，スイッチ$S_1 \sim S_4$のオンオフ動作のタイミングを適当に切り換えることによって，直流電源から，正方向や負方向の直流電圧，あるいは任意の周

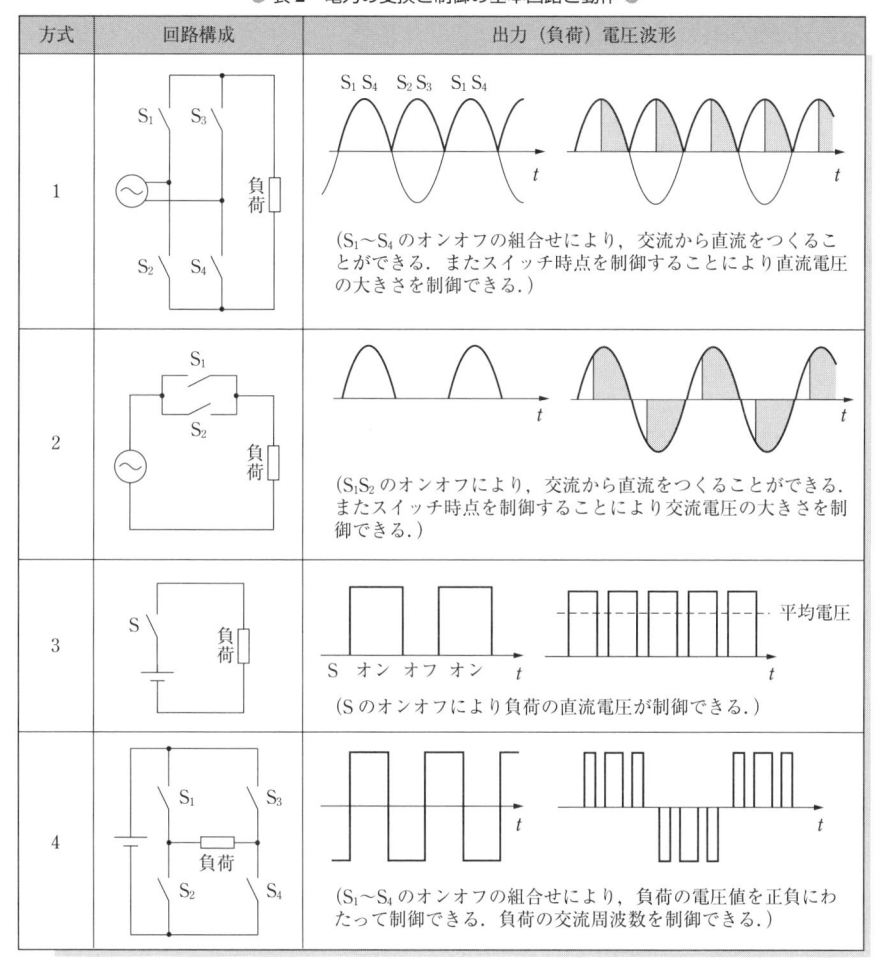

● 表2 電力の変換と制御の基本回路と動作 ●

方式	回路構成	出力（負荷）電圧波形
1	（S_1, S_3, S_2, S_4 スイッチと交流電源，負荷からなる回路）	（$S_1 S_4$ $S_2 S_3$ $S_1 S_4$ の組合せによる波形） (S_1〜S_4 のオンオフの組合せにより，交流から直流をつくることができる．またスイッチ時点を制御することにより直流電圧の大きさを制御できる．）
2	（S_1, S_2 スイッチと交流電源，負荷からなる回路）	（$S_1 S_2$ のオンオフにより，交流から直流をつくることができる．またスイッチ時点を制御することにより交流電圧の大きさを制御できる．）
3	（S スイッチと直流電源，負荷からなる回路）	（S オン オフ オン の波形，平均電圧） （S のオンオフにより負荷の直流電圧が制御できる．）
4	（S_1, S_3, S_2, S_4 スイッチと直流電源，負荷からなる回路）	(S_1〜S_4 のオンオフの組合せにより，負荷の電圧値を正負にわたって制御できる．負荷の交流周波数を制御できる．）

波数や大きさの交流電圧を発生させることができる．

　パワーエレクトロニクスは，表2に示したスイッチを半導体スイッチに置き換えて電力の変換と制御を行うものである．

序章 パワーエレクトロニクスの学び方

5 本書の構成と学び方

　序章では，パワーエレクトロニクスの発展の歴史やパワーエレクトロニクスの定義，電力の変換と制御の基本原理を説明した．

　本書では，パワーエレクトロニクスの基本回路と応用の例，電力の変換と制御を行うために使用されるパワー半導体デバイスとその使い方，電力の変換，制御ならびに開閉を行うための回路とその特性について述べる．特に基本的な事項について理解を深められるような章構成，内容とした．

　全体として12章構成になっており，各章を平均1回の講義で学べるようにした．

　1章では，パワーエレクトロニクスの基本回路と応用例からパワーエレクトロニクスが私たちの生活を豊かにするために大いに役立っていることを学ぶ．

　2章では，電力変換回路で発生するひずみ波の電圧，電流，電力の取扱い方を学ぶ．

　3, 4章では，いろいろなパワー半導体デバイスの種類，特性を学ぶ．

　5, 6章では，パワー半導体デバイスによる電力の変換と制御の原理およびパワー半導体デバイスの使い方を学ぶ．

　7, 8章では，交流を直流に変換したり（整流器），交流の電力を調整するためのサイリスタコンバータの原理と特性を学ぶ．

　9, 10章では，直流を大きさの異なる直流に変換するためのDC-DCコンバータ（チョッパ）の原理と特性を学ぶ．

　11, 12章では，直流を交流に変換するためのインバータの原理と特性を学ぶ．

　本書は高専や大学の学生向けのテキストとして，また電気電子工学の基礎的知識を持っている技術者なら誰でもパワーエレクトロニクスの基本技術や回路が理解できるように，わかりやすい記述を試みた．

　各々の章については，ページ数の制限と執筆者の限られた知識のため，十分に説明できなかったところがあるかもしれない．もっと詳しく内容を理解したい人のために，まとめと演習問題を章末に，参考図書を巻末に記した．

　パワーエレクトロニクスが私たちの生活を豊かにするために，また将来のエネルギー危機を解決するためになくてはならない技術として理解し，親しみを持ってもらえれば幸いである．

1章
電力変換の基本回路とその応用例

パワーエレクトロニクスで用いられる半導体デバイスには，どのような種類があり，どのような記号で表されるのだろうか．パワーエレクトロニクスはどのような基本回路から成り立ち，どのようなところに使われているのだろうか．電力変換の基本と応用例を説明しよう．

1 パワー半導体デバイスの図記号を知ろう

パワーエレクトロニクスには，半導体スイッチが必要不可欠である．半導体ス

● 表1・1　パワー半導体デバイスの種類 ●

デバイスの種類	デバイス名	デバイスの記号
非可制御	ダイオード （Diode）	Anode：A　陽極 Cathode：K　陰極
オン機能可制御	サイリスタ （Thyristor）	Anode：A　陽極 Gate：G　ゲート極 Cathode：K　陰極
オンオフ機能可制御	GTO （Gate Turn Off Thyristor）	Anode：A　陽極 Gate：G　ゲート極 Cathode：K　陰極
	バイポーラ パワートランジスタ （Bipolar Power Transistor）	Collector：C　コレクタ Base：B　ベース Emitter：E　エミッタ
	パワー MOSFET （Power Metal Oxide Semiconductor Field Effect Transistor）	Drain：D　ドレーン Gate：G　ゲート Source：S　ソース
	IGBT （Insulated Gate Bipolar Transistor）	Collector：C　コレクタ Gate：G　ゲート Emitter：E　エミッタ

［出典：巻末記載の参考図書：序章［1］，pp.17-18 および1章［1］，p.14 より］

イッチとは，どのようなものであろうか．半導体スイッチに使用できるパワー半導体デバイスにはどのようなものがあるのだろうか．

表 **1・1** に実際に使用されているパワー半導体デバイスの種類を示す．パワー半導体デバイスには，非可制御で一方向のみ導通機能を持つ**非可制御デバイス**，一方向の電流のみ可制御でオン機能を持つ**オン機能可制御デバイス**，一方向の電流のみ可制御でオンオフ機能を持つ**オンオフ機能可制御デバイス**がある．非可制御デバイスはダイオードであり，順方向に電圧を与えるとオン状態となり電流が流れる．オン機能可制御デバイスはサイリスタであり，順電圧が与えられた状態でゲート極に制御信号が与えられるとオン状態となり順方向電流が流れ始め，制御信号を取り去っても電流が流れ続ける．制御信号によって電流をオフ状態にすることはできない．オンオフ機能可制御デバイスは GTO，バイポーラパワートランジスタ，パワー MOSFET，IGBT などであり，順電圧が与えられた状態でゲート極に与える制御信号によってオン状態となり順方向電流が流れ始め，ゲート極の信号を用いて電流を遮断することができる．オンオフ機能可制御デバイスは，自己消弧形デバイスとも呼ばれる．

半導体スイッチはこのような機能を持つデバイスそのもの，あるいはそれらを組み合わせたものであり，1 個または複数個のパワー半導体デバイスを必要に応じて付属品とともに一体に組み合わせてスイッチ動作を行うものをいう．パワー半導体デバイスを組み合わせた半導体スイッチの例を表 **1・2** にまとめた．電流を 2 方向（双方向）に流すことのできるトライアックと呼ばれるデバイスもある．さ

● 表 1・2 半導体デバイスを組み合わせた半導体スイッチの例 ●

1 素子	2 素子	モジュール
トライアック	サイリスタ / IGBT とダイオード	交流電動機駆動に用いられる IPM

らに,パワー MOSFET や IGBT を集積化し,駆動回路・制御回路・保護回路を内蔵したインテリジェントパワーモジュール(IPM:Intelligent Power Module)が開発されている.IPM は電動機駆動用インバータなどに用いられ,実装を容易にし,小型化を実現している.

② 電力変換の基本回路を見てみよう

表 1・3 は交流と直流の変換について,応用例を加えてまとめたものである.電力変換技術はいろいろなところで用いられていることが理解できよう.半導体スイッチを用いた電力変換の基本回路の代表的な例について簡単に説明する.

● 表 1・3 電力変換技術とその応用 ●

電源	変換動作	変換回路	応用例
交流電源	交流→直流	・整流回路(順変換回路)	・直流電源 ・直流送電 ・直流電動機駆動 ・サイリスタモータ ・電熱制御
	交流→交流	・交流電力調整回路 ・交流スイッチ	・調光装置 ・交流電動機制御 ・交流電圧レギュレータ ・無効電力補償装置 ・ファン ・エレベータ制御 ・電熱制御
		・サイクロコンバータ回路	・交流電動機駆動 ・航空機用定周波電源 ・クルージング用客船の電気推進
直流電源	直流→直流	・チョッパ回路	・スイッチングレギュレータ ・チョッパ電車 ・バッテリーフォークリフト ・直流サーボモータ
	直流→交流	・インバータ回路(逆変換回路)	・交流電動機駆動 ・エアコン,冷蔵庫,洗濯機,蛍光灯 ・都市近郊電車,新幹線電車 ・無停電電源装置(UPS) ・無効電力補償装置,アクティブフィルタ ・誘導加熱器 ・太陽電池,燃料電池用電源 ・電気自動車,ハイブリッド自動車

1章 電力変換の基本回路とその応用例

〔1〕 整流回路（順変換回路）

交流を直流に変換する回路が**整流回路**である．**順変換回路**とも呼ばれる．**図1・1**はオン機能可制御デバイスであるサイリスタを用いた整流回路であり，直流出力電圧がサイリスタの点弧位相の制御によって変えられる．負荷を流れる電流の向きは，一方向である．可制御デバイスであるサイリスタの点弧位相をゼロ度にすることは非可制御デバイスのダイオードを用いる整流回路と等価である．ダイオードのような非可制御デバイスを用いると電圧制御はできない．

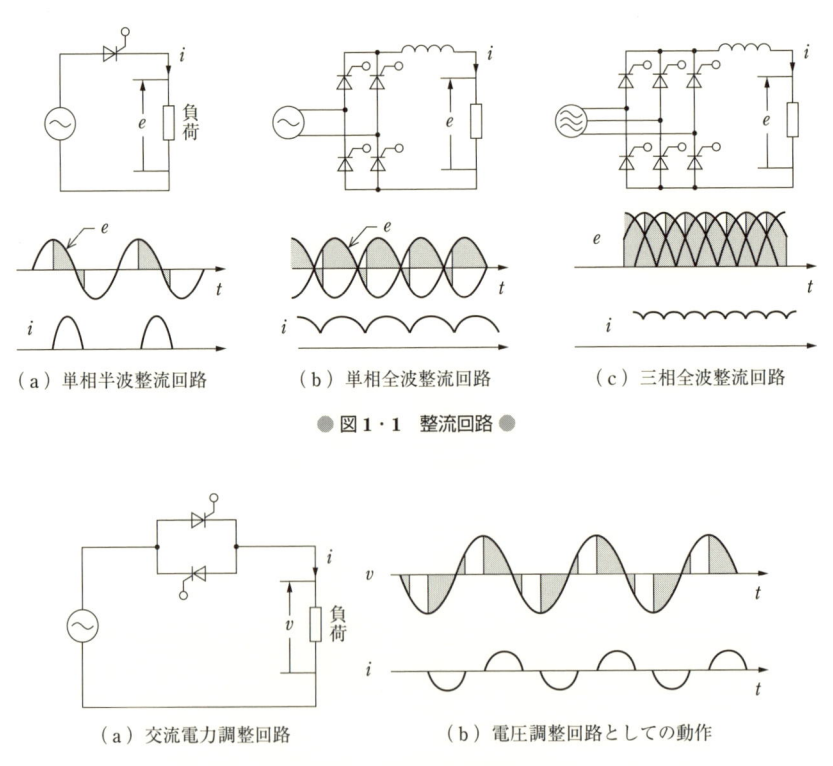

〔2〕 交流電力調整回路

交流の周波数・電圧・電流などを変換する回路が**交流電力調整回路**である．交流電力調整回路は**図1・2**に示すように，サイリスタの逆並列接続などで構成される双方向半導体スイッチによって負荷に加える交流電力を制御する．負荷を流れる電流の向きは，双方向である．

(a) 単相半波整流回路　　(b) 単相全波整流回路　　(c) 三相全波整流回路

● 図1・1　整流回路 ●

(a) 交流電力調整回路　　(b) 電圧調整回路としての動作

● 図1・2　交流電力調整回路 ●

〔3〕 サイクロコンバータ回路

図1・3にサイクロコンバータ（cycloconverter）の基本回路（単相）ならびにその出力電圧波形の一例を示す．サイクロコンバータは入力電源電圧波形をつなぎ合わせて電源周波数より低い周波数の交流電圧を作り出す．

〔4〕 チョッパ回路

直流電圧の大きさを変える回路が**チョッパ回路**である．**図1・4**に示すように，トランジスタやサイリスタなどの半導体スイッチを用いて回路のオン時間とオフ時間を制御して平均電力を制御する．負荷を流れる電流の向きは，一方向である．

〔5〕 インバータの基本回路（逆変換回路）

直流を交流に変換する回路が**インバータ回路**である．**図1・5**にインバータの基本回路（単相）ならびにその出力電圧波形の一例を示す．インバータは直流電圧から半導体スイッチのオンオフにより，交流出力電圧を発生させる．負荷を流れる電流の向きは，双方向である．インバータの交流電圧を制御する方式として，図1・5（d）に示すような電圧の幅を変調する**PWM**（Pulse Width Modulation）**制御**が一般的に使用されている．

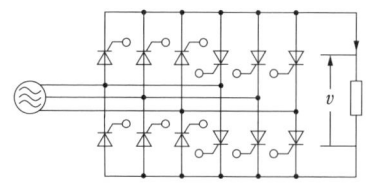

（a）サイクロコンバータ回路（単相）　　（b）サイクロコンバータの出力波形

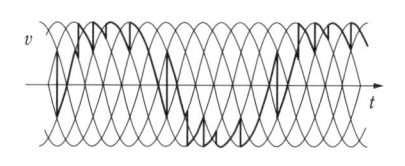

● 図1・3　サイクロコンバータの基本回路（単相）と出力波形 ●

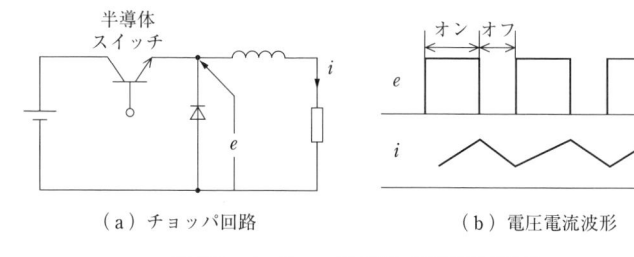

（a）チョッパ回路　　（b）電圧電流波形

● 図1・4　チョッパ回路と電圧電流波形 ●

(a) トランジスタインバータ回路（単相）

(b) GTOインバータ回路（単相）

(c) インバータの出力波形（単相）

(d) インバータの出力波形（PWM制御）

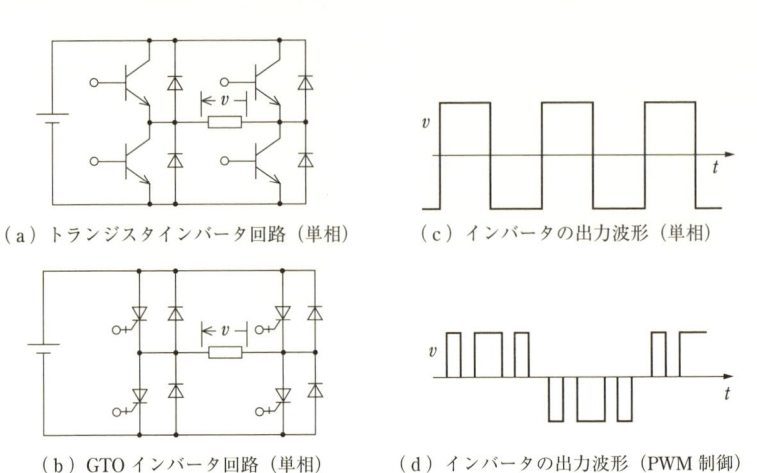

● 図 1・5　インバータの基本回路（単相）と出力波形 ●

3　電力変換の応用例を見てみよう

　電力の変換と制御の技術すなわちパワーエレクトロニクスの技術は，家庭用電気製品，ロボット，工場の生産機械や自動制御機器，オフィス用機器，電車，発電所・送変電所など，あらゆる分野に広く使用されている．これからは，風力発電や太陽光発電などの二酸化炭素を排出しない発電技術や，ハイブリッド自動車や電気自動車などの環境にやさしい交通車両用電動機制御技術としての技術革新が期待されている．

　なぜパワーエレクトロニクスの技術がこれらの分野に使用されるようになったのであろうか．それは，パワーエレクトロニクス技術によって以下のことが達成できるからである．

①　高機能化（今までできなかったことができるようになる）
②　高性能化（応答速度が速くまた制御の精度が高くなる）
③　高効率化（節電，省エネルギーが達成できる）
④　保守の簡単化（保守作業が簡単な交流電動機が利用できる）
⑤　小型化，軽量化（高い周波数の使用により機器が小型化できる）

代表的な例として，いくつかの具体的な回路を示してみよう．

3 電力変換の応用例を見てみよう

〔1〕 **直流送電ならびに周波数変換所**

海底ケーブルなどを用いて電力を遠方に送電するのに直流送電が使用される．**図1・6**に主回路の基本構成を示す．三相全波整流回路を主体に構成されている．変換器AとBが互いに離れたところに設置されるのが**直流送電**である．例えば，変換器Aが順変換回路として動作し，変換器Bが逆変換回路として動作するときには，電力系統AからBに電力が供給される．日本では50 Hz地区（東日本）と60 Hz地区（西日本）とがあり，互いに電力を融通するために周波数変換所が設けられている．周波数変換所では単に周波数を変換するだけなので送電線は必要なく，変換器A，Bが同じ敷地内に設置される．

〔2〕 **空調機，冷蔵庫，洗濯機などの制御**

従来，空調機の制御は，室温が所定の温度より高く，あるいは低くなったとき，圧縮機を駆動する単相誘導電動機の電源をオンオフすることによって行われていたが，1985年頃より，省電力や快適性への要求が高まってきたことから，インバータによる空調機の制御（通称インバータエアコン）が使われるようになった．回路構成の一例を**図1・7**に示す．一方，家庭内で使用される冷蔵庫や洗濯機の省エネルギー化を目的に，これらの機器にも**インバータ制御**が適用されるようになった．回路構成は図1・7とほぼ同じである．

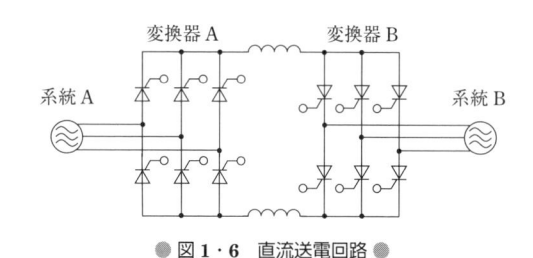

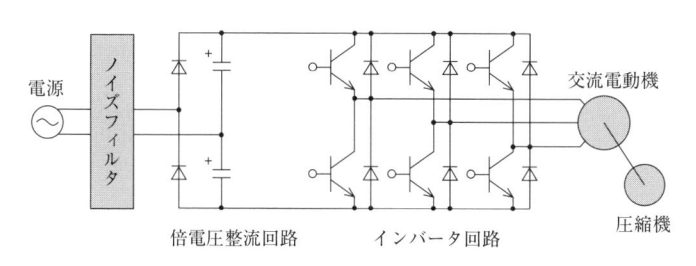

● 図1・6 直流送電回路 ●

● 図1・7 インバータエアコン回路 ●

〔3〕 産業用・交通車両用電動機の制御

　機械の速度制御のために電動機が多数使用されている．昔から速度制御が必要とされるところでは，直流電動機が用いられてきた．直流電動機は電機子電圧の制御によって，容易に速度制御できるからである．図1・8に電動機の制御回路例を示す．1965年頃から大容量のサイリスタが実用化されるようになり，またマイクロエレクトロニクスなどの進歩とともに，大容量直流電動機では同図(a)に示すようなサイリスタレオナード制御が，小容量直流電動機では同図(b)に示すようなトランジスタチョッパ制御が用いられるようになった．同図(b)の回路は，直流電動機を流れる電流の向きを変えることができるため，直流電動機の回転方向を変えることができる．直流電動機は整流子やブラシを持つので保守点検が必要なことや電動機の高速回転が難しいこともあって，1985年頃より直流電動機に代わってインバータやサイクロコンバータを用いた交流電動機の周波数制御が一般的に使用されるようになった．同図(c)のインバータはGTOを使用しており数千kW以上の大容量交流電動機に用いられる．同図(d)はIGBTを使用したインバータ回路であり，2000kW程度までの産業用・交通車両用交流電動機駆動制御用インバータとして用いられている．

(a) サイリスタレオナード制御
　　（小～大容量直流電動機）

(b) チョッパ制御
　　（小容量直流電動機）

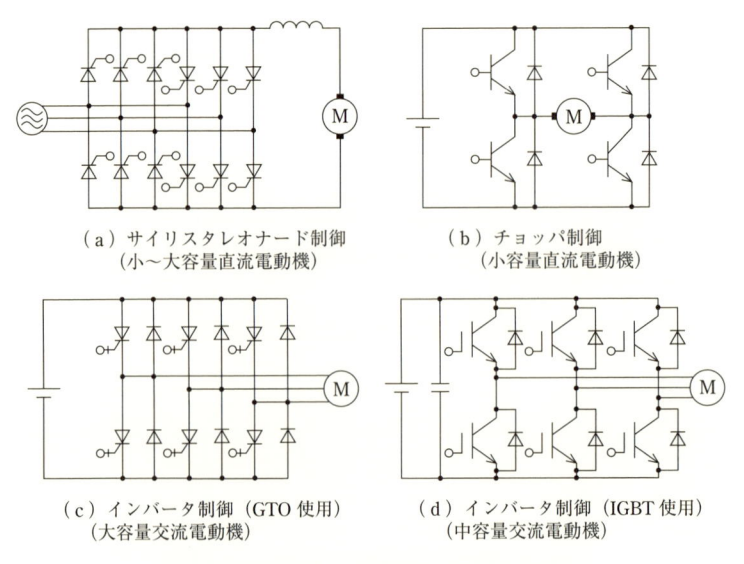

(c) インバータ制御（GTO使用）
　　（大容量交流電動機）

(d) インバータ制御（IGBT使用）
　　（中容量交流電動機）

● 図1・8　産業用・交通車両用の電動機の制御 ●

3 電力変換の応用例を見てみよう

〔4〕 無停電電源装置

無停電電源装置は，入力電源に停電が生じた場合に一定時間は停電することなく電力を供給し続ける電源装置である．**UPS**（Uninterruptible Power Supply）とも呼ばれる．銀行や病院のデータベースなどオンラインコンピュータには欠くことのできない装置である．図1・9に無停電電源装置の構成例を示す．交流入力を整流しバッテリーに蓄え，インバータ回路によって交流電力を出力している．交流入力に異常が生じた場合でもバッテリーの電力を用いて交流出力を継続できる．

〔5〕 太陽光発電用インバータ

太陽光発電は，二酸化炭素を排出しない環境にやさしい発電技術として今後の普及が期待されている．太陽光発電は直流電力を発生するため，電力系統と連結するためには交流電力に変換する必要がある．図1・10は太陽光発電用インバータの回路例である．太陽電池の電圧は天候状況によって大きく変動するので，その電圧を調整するために電圧を昇圧するための昇圧チョッパ回路が用いられる．

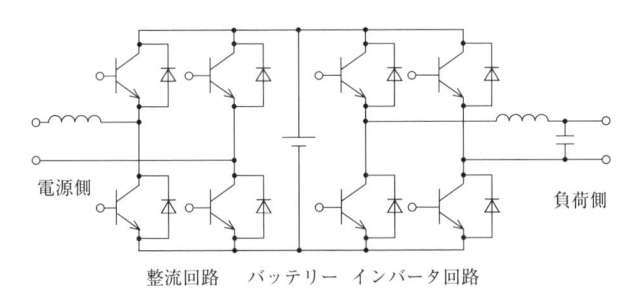

● 図1・9 無停電電源の回路例（単相入力・単相出力）●

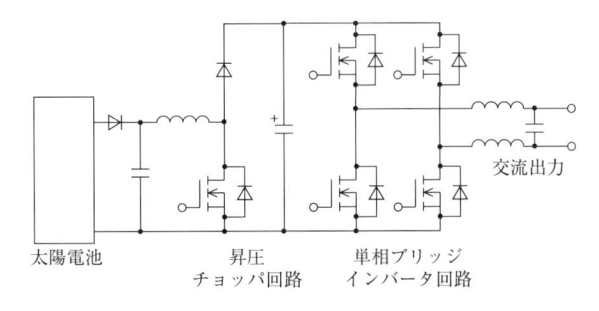

● 図1・10 太陽光発電システムの構成例 ●

太陽光パネルが発生した直流電力はパワー MOSFET を用いたインバータ回路によって交流電力に変換される．

〔6〕 **無効電力補償装置とアクティブフィルタ**

　無効電力が電力系統の送配電線に流れると，電力損失を生ずるとともに電圧変動の要因となる．**無効電力補償装置**により，系統に存在する無効電力分を打ち消す無効電力を発生し，損失の低減や系統の電圧安定度の改善が可能になる．**図1・11**は無効電力補償装置の一例である．無効電力補償装置は有効電力を補償する回路ではないので，直流側に電源は不要である．同図では，直流側の回路はコンデンサのみで構成される電圧形インバータ回路である．

　電力系統に高調波電流が存在すると，機器の加熱や誤動作の原因となる．そこで電力系統に存在する高調波電流と逆位相の電流を発生させて高調波電流を打ち消す**電力用アクティブフィルタ**が実用化されてきている．電力用アクティブフィルタの回路構成は，図1・11と同様である．系統に存在する高調波成分を検出し，その高調波成分を打ち消す高調波を系統に注入することで，系統の高調波の補償が行える．

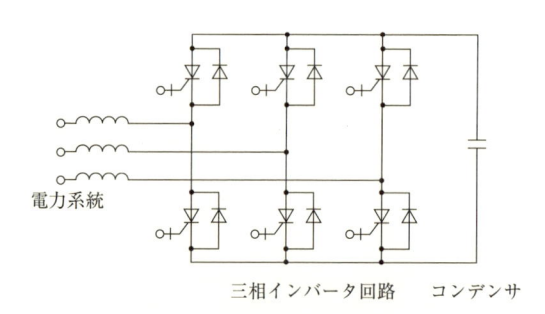

● 図1・11　無効電力補償装置の回路例 ●

まとめ

① パワー半導体デバイスには，非可制御デバイスであるダイオード，オン機能可制御デバイスであるサイリスタ，オンオフ機能可制御デバイスである GTO，バイポーラパワートランジスタ，パワー MOSFET，IGBT がある．
② 半導体スイッチは，単体のパワー半導体デバイスあるいはそれらの組み合わせによって構成される．
③ 電力変換の基本回路はダイオード，サイリスタ，トランジスタなどで構成される．
④ 私たちの身の回りではパワーエレクトロニクス技術を用いた多数の機器が活躍し，私たちの生活を豊かにするために役立っている．

演習問題

問1 電力変換とは何か，パワーエレクトロニクスとは何か，意味を調べよ．
問2 パワーエレクトロニクスにおいて用いられる半導体デバイスの図記号をまとめよ．
問3 日常生活において，パワーエレクトロニクス技術がどのように使われているのか調べよ．

2章

電力変換回路で発生するひずみ波形の電圧，電流，電力の取扱い方

　パワーエレクトロニクスの基本技術は，半導体スイッチをオンオフして電圧，あるいは電流を制御する技術であることが理解できたと思う．しかし，オンオフすることにより電圧，電流は**ひずみ波形**（distorted wave）となり，高調波の発生は避けられない．

　高調波電圧や電流は負荷に高調波損失を発生させ，また振動騒音の原因のもとになる．電源に流れ込む高調波電流は，電源電圧波形をひずませる．高調波により負荷の特性はどのように変わるのだろうか．高調波電流を取り除くために電源にはどのような周波数特性を持つフィルタを入れたらよいのだろうか．

　ひずみ波形の電圧，電流，電力の取扱いについて考えてみよう．

1 ひずみ波形の電圧，電流，電力の取扱い方を理解しよう

〔1〕 ひずみ波形の電圧

　半導体スイッチのオンオフの繰返しにより，直流電圧を制御したり，交流電圧

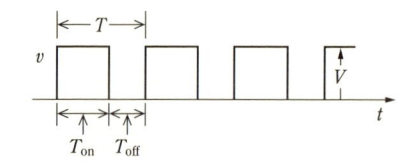

（a）オンオフの繰り返し波形

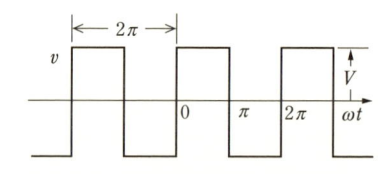

（b）方形波交流波形（180°導通）

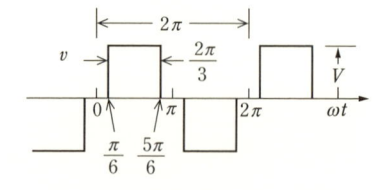

（c）方形波交流波形（120°導通）

● 図2・1　電力変換回路でよく出てくる波形 ●

を作ることが行われる．したがって，**図 2・1** に示す波形が電力変換回路ではよく見られる．今，図 2・1 の波形の電圧が負荷に加えられている場合を考えよう．

〔**2**〕 **周期，周波数，角周波数の関係**

図 2・1 において，繰返しの**周期**を T 〔s〕とおけば，**周波数** f 〔Hz〕および**角周波数** ω 〔rad/s〕の関係，ならびに角度 θ 〔rad〕と時間 t 〔s〕および角周波数 ω との関係は

$$\left.\begin{array}{l} f = \dfrac{1}{T} \\ \omega = 2\pi f \\ \theta = \omega t \end{array}\right\} \tag{2・1}$$

で表せる．

〔**3**〕 **平均値と実効値**

平均値と実効値は，ひずみ波形の特性を表すのに有効である．今，図 2・1 は電圧の波形を示しているものとし，電圧の大きさを V としよう．直流電圧の**平均値** V_{ave} は（ave は平均値 average value の略）一般式として

$$V_{\mathrm{ave}} = \frac{1}{T}\int_0^T v(t)\,dt = \frac{1}{2\pi}\int_0^{2\pi} v(\theta)\,d\theta \tag{2・2}$$

で表せる．同図（b），（c）においては，交流電圧波形が正負に交互に繰り返されるので 1 周期の平均値（直流成分）V_{ave} は 0 である．しかし同図（a）では

$$V_{\mathrm{ave}} = \frac{1}{T}\int_0^T v(t)\,dt = \frac{1}{T}\int_0^{T_{\mathrm{on}}} V\,dt = \frac{T_{\mathrm{on}}}{T}\cdot V \tag{2・3}$$

で表せる．T_{on}/T が大きくなれば V_{ave} が大きくなることがわかる．

実効値について見れば，どのような波形の電圧についても**実効値** V_{eff} は（eff は実効値 effective value の略）

$$V_{\mathrm{eff}} = \sqrt{\frac{1}{T}\int_0^T v^2(t)\,dt} = \sqrt{\frac{1}{2\pi}\int_0^{2\pi} v^2(\theta)\,d\theta} \tag{2・4}$$

と表せる．図 2・1（b），（c）の波形について，電圧実効値を求めてみよう．

式（2・4）より同図（b）について

$$V_{\mathrm{eff}} = \sqrt{\frac{1}{2\pi}\int_0^{2\pi} v^2(\theta)\,d\theta} = \sqrt{\frac{1}{2\pi}\left[\int_0^{\pi} V^2\,d\theta + \int_{\pi}^{2\pi} (-V)^2\,d\theta\right]} = V \tag{2・5}$$

同図（c）についても同様に

$$V_{\text{eff}} = \sqrt{\frac{1}{2\pi} \int_0^{2\pi} v^2(\theta) d\theta} = \sqrt{\frac{1}{2\pi} \left[\int_{\frac{\pi}{6}}^{\frac{5\pi}{6}} V^2 d\theta + \int_{\frac{7\pi}{6}}^{\frac{11\pi}{6}} (-V)^2 d\theta \right]}$$

$$= \sqrt{\frac{2}{3}} V \tag{2・6}$$

と表せる.

〔4〕 基本波成分，高調波成分

図 2・1 の電圧波形は，一定の直流でもなければ正弦波形でもないので $f=1/T$ の周波数成分（基本波成分）のほかに高い周波数成分（高調波成分）が含まれる．ひずみ波形は周期関数の場合，いくつかの周波数の異なった正弦波交流の和に分解することができる．高調波成分を求めるには，波形を**フーリエ級数**（Fourier series）に展開することが行われる．ひずみ波形が $v(t)$ という時間の関数で表されるとすると，フーリエ級数は

$$\left. \begin{aligned} v(t) &= a_0 + \sum_{n=1}^{\infty} (a_n \cos n\omega t + b_n \sin n\omega t) \\ &= a_0 + \sum_{n=1}^{\infty} \sqrt{a_n^2 + b_n^2} \sin(n\omega t + \varphi_n) \\ &= V_0 + \sum_{n=1}^{\infty} \sqrt{2} V_n \sin(n\omega t + \varphi_n) \end{aligned} \right\} \tag{2・7}$$

式（2・7）において，$\omega = 2\pi f$, $f = 1/T$, $\theta = \omega t$ であるから

$$\left. \begin{aligned} a_0 &= V_0 = \frac{1}{T} \int_0^T v(t) dt = \frac{1}{2\pi} \int_0^{2\pi} v(\theta) d\theta \\ a_n &= \frac{2}{T} \int_0^T v(t) \cos n\omega t \, dt = \frac{1}{\pi} \int_0^{2\pi} v(\theta) \cos n\theta \, d\theta \\ b_n &= \frac{2}{T} \int_0^T v(t) \sin n\omega t \, dt = \frac{1}{\pi} \int_0^{2\pi} v(\theta) \sin n\theta \, d\theta \\ V_n &= \frac{\sqrt{a_n^2 + b_n^2}}{\sqrt{2}} \\ \varphi_n &= \tan^{-1} \frac{a_n}{b_n} \end{aligned} \right\} \tag{2・8}$$

a_0 は直流成分で，時間に対して変化しない値である．$\sqrt{2} V_n \sin(n\omega t + \varphi_n)$ は第 n 調波の正弦波である．ここで，$n=1$ の場合を**基本波**（fundamental wave），$n \geq 2$ の場合を総称して**高調波**（higher harmonics）という．

$v(t)$ の実効値 V_{eff} は

$$V_{\text{eff}} = \sqrt{\frac{1}{T}\int_0^T v^2(t)\,dt} = \sqrt{V_0^2 + V_1^2 + V_2^2 + \cdots} = \sqrt{V_0^2 + \sum_{n=1}^{\infty} V_n^2} \qquad (2\cdot 9)$$

すなわち，ひずみ波交流の実効値は直流成分を含めた各調波実効値の2乗の和の平方根で表される．

図2・1（b）の交流電圧波形をフーリエ級数に展開してみよう．電圧波形は次のように表すことができる．$\theta = \omega t$ であるから

$$v(\theta) = \begin{cases} V & 0 \leq \theta \leq \pi \\ -V & \pi \leq \theta \leq 2\pi \end{cases} \qquad (2\cdot 10)$$

式（2・10）を式（2・8）に代入する．

$$\begin{aligned} a_0 &= \frac{1}{2\pi}\int_0^{2\pi} v(\theta)\,d(\theta) = \frac{1}{2\pi}\left\{\int_0^{\pi} V d\theta + \int_{\pi}^{2\pi}(-V)\,d\theta\right\} \\ &= \frac{V}{2\pi}\{[\theta]_0^{\pi} + [-\theta]_{\pi}^{2\pi}\} = \frac{V}{2\pi}\{\pi - 2\pi + \pi\} = 0 \end{aligned} \qquad (2\cdot 11)$$

$$\begin{aligned} a_n &= \frac{1}{\pi}\int_0^{2\pi} v(\theta)\cos n\theta\,d\theta = \frac{1}{\pi}\left\{\int_0^{\pi} V\cos n\theta\,d\theta + \int_{\pi}^{2\pi}(-V)\cos n\theta\,d\theta\right\} \\ &= \frac{V}{\pi}\left\{\left[\frac{1}{n}\sin n\theta\right]_0^{\pi} - \left[\frac{1}{n}\sin n\theta\right]_{\pi}^{2\pi}\right\} \\ &= \frac{V}{n\pi}\{\sin n\pi - \sin 2n\pi + \sin n\pi\} = 0 \end{aligned} \qquad (2\cdot 12)$$

$$\begin{aligned} b_n &= \frac{1}{\pi}\int_0^{2\pi} v(\theta)\sin n\theta\,d\theta = \frac{1}{\pi}\left\{\int_0^{\pi} V\sin n\theta\,d\theta + \int_{\pi}^{2\pi}(-V)\sin n\theta\,d\theta\right\} \\ &= \frac{V}{\pi}\left\{\left[-\frac{1}{n}\cos n\theta\right]_0^{\pi} + \left[\frac{1}{n}\cos n\theta\right]_{\pi}^{2\pi}\right\} \\ &= \frac{V}{n\pi}\{-\cos n\pi + 1 + \cos 2n\pi - \cos n\pi\} \\ &= \frac{2V}{n\pi}(1 - \cos n\pi) \end{aligned} \qquad (2\cdot 13)$$

式（2・13）において，n が偶数（2, 4, 6, …）の場合 $\cos n\pi = 1$ となるので，$b_n = 0$，n が奇数（1, 3, 5, …）の場合には $\cos n\pi = -1$ となるので

$$b_n = \frac{4V}{n\pi} = \sqrt{2}\,\frac{2\sqrt{2}}{n\pi}V \qquad (2\cdot 14)$$

となる．したがって，$a_0 = 0$，$a_n = 0$，式（2・14）の b_n を式（2・7）に代入すれば

2章 電力変換回路で発生するひずみ波形の電圧,電流,電力の取扱い方

(ただし $n = 1, 3, 5, \cdots$, $n = 2m - 1$, ここで $m = 1, 2, 3, 4 \cdots$)

$$\left. \begin{aligned} v(t) &= \sqrt{2} \, \frac{2\sqrt{2}}{\pi} V \left(\sin \omega t + \frac{1}{3} \sin 3\omega t + \frac{1}{5} \sin 5\omega t + \cdots \right) \\ v(t) &= \sqrt{2} \, \frac{2\sqrt{2}}{\pi} V \sum_{m=1}^{\infty} \frac{1}{2m-1} \sin (2m-1) \omega t \end{aligned} \right\} \quad (2 \cdot 15)$$

$$\left. \begin{aligned} &v(t) = v_1(t) + v_h(t) \\ &\text{ただし} \\ &\text{基本波} \quad v_1 = v_1(t) = \sqrt{2} \, \frac{2\sqrt{2}}{\pi} V \sin \omega t \\ &\text{全高調波} \quad v_h = v_h(t) = \sqrt{2} \, \frac{2\sqrt{2}}{\pi} V \sum_{m=2}^{\infty} \frac{1}{2m-1} \sin (2m-1) \omega t \end{aligned} \right\} \quad (2 \cdot 16)$$

したがって

基本波 v_1 の実効値 $\qquad V_1 = \dfrac{2\sqrt{2}}{\pi} V \qquad (2 \cdot 17)$

全高調波 v_h の実効値 $\qquad V_H = \sqrt{V_{\text{eff}}^2 - V_1^2 - V_0^2} = \sqrt{\sum_{n=2}^{\infty} V_n^2} \qquad (2 \cdot 18)$

式 (2・18) の V_H は $V_0 = 0$ で, 式 (2・5) から $V_{\text{eff}} = V$ であることから

$$V_H = \sqrt{V^2 - \left[\frac{2\sqrt{2}}{\pi} \right]^2 V^2} = V \sqrt{1 - \left[\frac{2\sqrt{2}}{\pi} \right]^2} \approx 0.435 \, V \qquad (2 \cdot 19)$$

ここで, 式 (2・15), (2・16) を用いて方形波 (v) について, 基本波の波形 (v_1), 全高調波の合成波形 ($v_h = v - v_1$) ならびに第 3, 5 調波の波形 (v_3, v_5) とその合成波形 ($v_1 + v_3 + v_5$) を図 **2・2** に示す. 第 5 調波までの合成波形はかなり方形波に

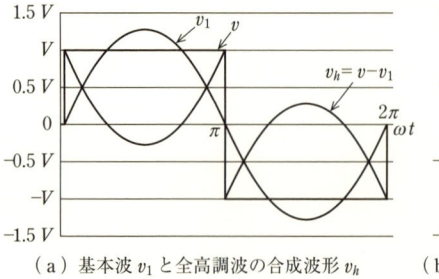

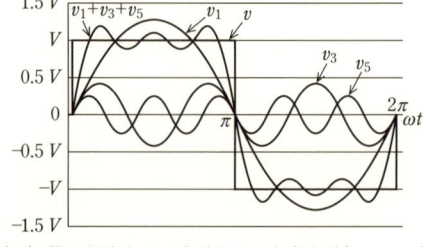

(a) 基本波 v_1 と全高調波の合成波形 v_h 　　(b) 第 5 調波までの波形とその合成波形 ($v_1 + v_3 + v_5$)

● 図 **2・2** 方形波の周波数成分とその合成波形 ●

近い波形になっていることがわかる．もう少し高次の高調波までの波形を合成すれば，合成波形はさらに方形波に近づいていくことが理解できる．

図 2・1 (c) の交流電圧波形をフーリエ級数に展開すると

$$
\left.\begin{aligned}
v(t) &= \sqrt{2}\,\frac{\sqrt{6}}{\pi}V\left(\sin\omega t - \frac{1}{5}\sin 5\omega t - \frac{1}{7}\sin 7\omega t + \frac{1}{11}\sin 11\omega t\right.\\
&\quad \left.+ \frac{1}{13}\sin 13\omega t - \cdots\right)\\
&= \sqrt{2}\,\frac{\sqrt{6}}{\pi}V\left\{\sin\omega t + \sum_{m=1}^{\infty}\frac{(-1)^m}{6m\pm 1}\sin(6m\pm 1)\,\omega t\right\}
\end{aligned}\right\} \quad (2\cdot 20)
$$

したがって

基本波 v_1 の実効値 $\quad V_1 = \dfrac{\sqrt{6}}{\pi}V$ \hfill $(2\cdot 21)$

負荷の高調波成分を取り除くためのフィルタの設計や負荷の特性を知るためには，電圧にどんな周波数の成分が含まれているかを知る必要があり，フーリエ級数展開はそれを知るのに有効な方法である．

〔5〕 **ひずみ波の電力**

図 2・1 の波形の電圧 $v(t)$ を負荷に加えると，負荷に流れる電流 $i(t)$ もひずみ波となる．すなわち，V_0, I_0 を直流成分，V_n, I_n を第 n 調波の実効値として

$$
\left.\begin{aligned}
v(t) &= V_0 + \sum_{n=1}^{\infty}\sqrt{2}\,V_n\sin(n\omega t + \varphi_n)\\
i(t) &= I_0 + \sum_{n=1}^{\infty}\sqrt{2}\,I_n\sin(n\omega t + \varphi_n - \theta_n)
\end{aligned}\right\} \quad (2\cdot 22)
$$

これによって生ずる**ひずみ波電力**の平均値 W は

$$
W = \frac{1}{T}\int_0^T p(t)\,dt = \frac{1}{T}\int_0^T v(t)\cdot i(t)\,dt = \frac{1}{2\pi}\int_0^{2\pi} p(\omega t)\cdot d(\omega t) \quad (2\cdot 23)
$$

$$
\left.\begin{aligned}
&= V_0 I_0 + V_1 I_1 \cos\theta_1 + V_2 I_2 \cos\theta_2 + V_3 I_3 \cos\theta_3 + \cdots\\
&= V_0 I_0 + \sum_{n=1}^{\infty} V_n I_n \cos\theta_n
\end{aligned}\right\} \quad (2\cdot 24)
$$

すなわち，ひずみ波の電圧と電流との間の有効電力（平均電力）は，同じ周波数を持つ電圧と電流との間の有効電力を加え合わせたものになる．

ひずみ波交流の**総合力率**（power factor）λ は

$$\lambda = \frac{\text{有効電力}}{\text{皮相電力}} = \frac{W}{\sqrt{V_0^2 + V_1^2 + V_2^2 + \cdots} \sqrt{I_0^2 + I_1^2 + I_2^2 + \cdots}}$$

$$= \frac{\text{ひずみ波電力の平均値}}{(\text{ひずみ波電圧の実効値}) \times (\text{ひずみ波電流の実効値})} \quad (2 \cdot 25)$$

通常交流電源系統には変圧器があるので $V_0 = 0$ と考えてよい.

また，**基本波力率**（displacement power factor）は

$$\text{基本波力率} = \frac{\text{基本波の有効電力}}{\text{基本波の皮相電力}} = \frac{V_1 I_1 \cos \theta_1}{V_1 I_1} = \cos \theta_1 \quad (2 \cdot 26)$$

〔6〕 **ひずみ波形のひずみ率**

交流波形のひずみの程度を示す量としてひずみ率を用いる.

ひずみ率 THD（Total Harmonic Distortion，あるいは Distortion factor）は

$$\text{ひずみ率 THD} = \frac{\text{全高調波の実効値}}{\text{基本波の実効値}} = \frac{V_H}{V_1} = \frac{\sqrt{\sum_{n=2}^{\infty} V_n^2}}{V_1} \quad (2 \cdot 27)$$

図 2·1（b）の方形波については，式 (2·17)〜(2·19) から

$$\text{ひずみ率 THD} = \frac{V_H}{V_1} = \frac{V\sqrt{1 - \left[\frac{2\sqrt{2}}{\pi}\right]^2}}{\frac{2\sqrt{2}}{\pi}V} = \sqrt{\frac{\pi^2}{8} - 1} = 0.483 \quad (2 \cdot 28)$$

となる.

② ひずみ波形の電圧，電流は機器にどのような影響を与えるのだろうか

〔1〕 **機器に与える影響**

半導体電力変換回路から負荷機器に加えられる電圧波形はひずんでいるので，負荷機器には，直流電流 I_0，基本波電流 i_1，高調波電流 i_h を含むひずみ波形の電流 i が流れる.

$$i(t) = I_0 + i_1(t) + i_h(t) \quad (2 \cdot 29)$$

一方，電源に半導体デバイスによるオンオフ動作を行う半導体電力変換回路のような非線形動作をする回路を接続すると，電源にも，直流電流 I_{s0}，基本波電流 i_{s1}，高調波電流 i_{sh} を含むひずみ波形の電流 i_s が流れる.

$$i_s(t) = I_{s0} + i_{s1}(t) + i_{sh}(t) \quad (2 \cdot 30)$$

2 ひずみ波形の電圧, 電流は機器にどのような影響を与えるのだろうか

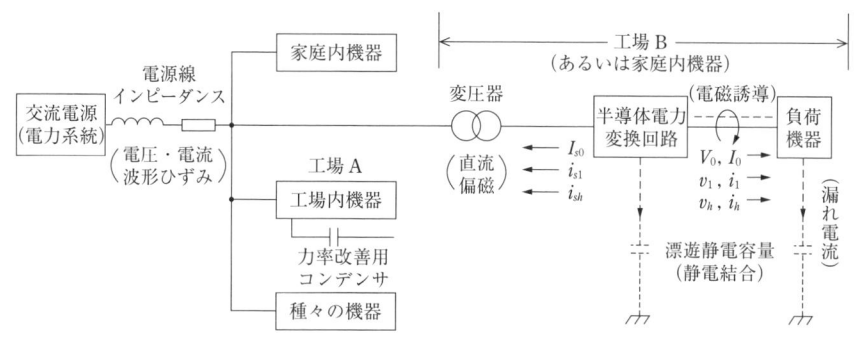

● 図2・3　種々の機器への電力の供給 ●

図2・3を例に直流電流や高調波電流が電源に接続される機器や半導体電力変換回路の負荷機器にどのような影響を与えるかを考えてみよう.

（a）　直流電流が機器に与える影響

図2・3に示すように半導体電力変換回路から変圧器の2次巻線に直流電流 I_{s0} が流れる場合, 変圧器鉄心内の磁束は直流偏磁（動作点の偏り）する. 直流偏磁が発生すると場合によっては, 変圧器1次巻線に大きな励磁電流が流れることがある. 負荷機器として交流電動機や変圧器などの電磁機器が接続される場合についても, 電圧, 電流波形に直流成分が含まれる場合には直流偏磁のことを考えておく必要がある（囲み記事参照）.

（b）　高調波電圧, 電流が機器に与える影響

それぞれの工場や家庭で使用される機器内の半導体電力変換回路から発生する高調波電流は電源線を伝導し電源線のインピーダンスによる電圧降下を発生させ各部の電圧波形をひずませるので, 電源線に接続される機器に振動, 騒音, 温度上昇などを発生させるおそれがある. 図2・3で, 工場Bで発生した高調波電流が工場Aの力率改善用コンデンサに流れ込むことも考えられる.

高調波電流は, それが流れる電線近傍に配置される信号線, 制御線や制御機器に電磁誘導による雑音や誤作動などの影響を与えるおそれがある. また, 負荷側機器の電動機にトルク脈動や振動・騒音を発生させたりするおそれがある.

半導体スイッチのオンオフ動作による急峻な電圧変化は, 誘電体である絶縁物（配線・巻線被覆, 軸受け油など）の漂遊静電容量により, 巻線間や巻線, 配線と対地間に静電結合による高周波漏れ電流や電磁波ノイズを発生させたり, 巻線イ

ンダクタンスとの共振により高周波の高電圧を巻線に発生させ，巻線の絶縁劣化を引き起こしたりするおそれがある．

高調波電圧，電流が種々の影響を与えるおそれがあるので，その影響を許容範囲内に収めるために「高調波抑制対策ガイドライン」が制定されている．

機器・装置の設計段階，設置段階でガイドラインに沿って高調波電圧，電流を抑制するための種々の対策が施されているので，パワーエレクトロニクス機器は安心して利用することができる．

〔2〕 **電圧波形のひずみや高調波電流の抑制法** ■■■

発生源側で抑制したにもかかわらず外部に流れ出す高調波電流を抑制する方法として，図 2・4 に示すように電源側にフィルタを挿入する方法がある．フィルタにはインダクタ，コンデンサや抵抗器を組み合わせたフィルタ（**受動フィルタ**）のほかに，式（2・30）の高調波電流 i_{sh} に相当する電流（方形波交流電流の場合，図 2・2 (a) の v_h に相当する波形の電流）を並列フィルタで発生させ，電源に流れ込む高調波電流 i_{sh} を打消すようにした**アクティブフィルタ**（能動フィルタ）などがある．

また，半導体電力変換回路の電源の相数を増やしたり（多相化），また位相をずらせた電圧を重ね合わせたり（多重化）するなどの方法がある．

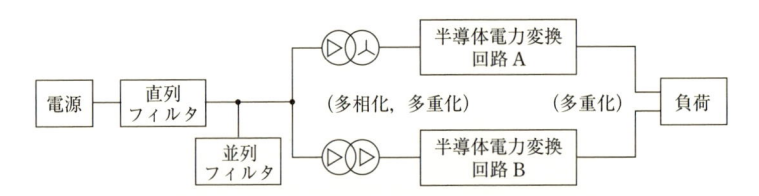

● 図 2・4 電圧波形のひずみや高調波電流の抑制法 ●

2 ひずみ波形の電圧,電流は機器にどのような影響を与えるのだろうか

━ 直流偏磁 ━

　変圧器の鉄心特性(磁束 ϕ と励磁電流 i_ϕ の関係)が図 **2・5** で示されるものとする.変圧器の 1 次巻線と 2 次巻線間の電圧,電流の変換は鉄心内の磁束 ϕ の時間的変化により行われる.通常,2 次巻線に交流電流だけが流れていれば,鉄心内の磁束 ϕ の動作範囲は A 点を中心とした ϕ_a となるが,2 次巻線に直流電流 I_{s0} を含むような交流電流が流れると,直流電流は磁束の時間的変化を生じないので,1 次巻線には(変圧器の巻数比を 1:1 と仮定すると)直流電流成分 I_{s0} を除いた交流電流成分(i_{s1}, i_{sh})と励磁電流 $i_{\phi b}$ が流れる.このとき,2 次巻線の直流電流 I_{s0} は変圧器鉄心に直流偏磁を与え,磁束 ϕ の動作範囲は B 点を中心とした ϕ_b になる.より大きな直流偏磁によって動作範囲 ϕ_c が C 点を中心とした磁束飽和領域にかかると,励磁電流 $i_{\phi c}$ が大きく増加し,変圧器の振動・騒音の発生,損失(鉄損,銅損)増加による温度上昇を引き起こすおそれがある.

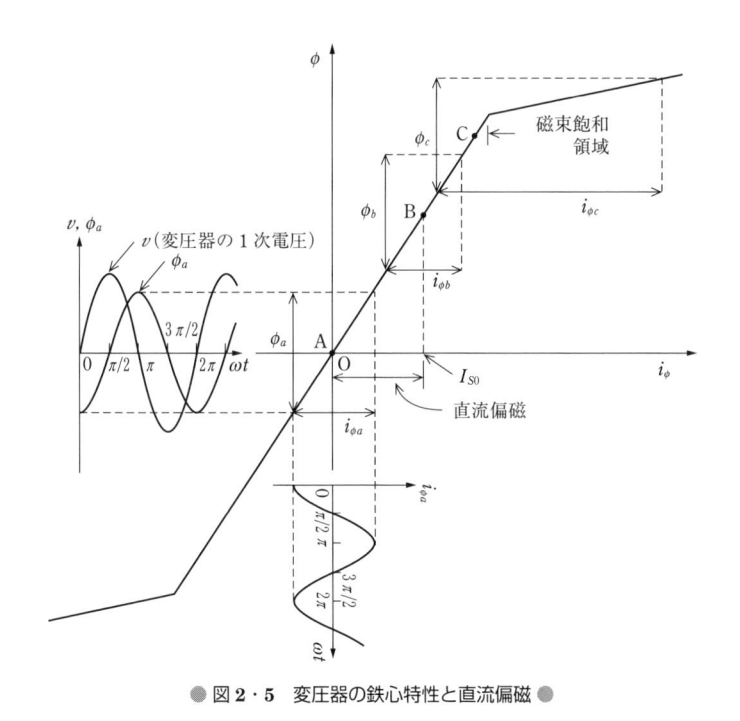

● 図 2・5　変圧器の鉄心特性と直流偏磁 ●

まとめ

① 半導体スイッチをオンオフして電圧あるいは電流を制御すると、電圧や電流はひずみ波形となる.

② ひずみ波形の電圧、電流はフーリエ級数に展開することにより、波形に含まれる高調波成分の周波数と大きさがわかる. フーリエ級数展開は、ひずみ波形の電圧や電流で駆動される負荷の特性を知るために必要である. また特定高調波成分を抑制・除去するためのフィルタを設計するためにも必要である.

③ ひずみ波形の電圧と電流との間の有効電力は、同じ周波数を持つ電圧と電流との間の有効電力を加え合わせたものになる. 異なる周波数の電圧と電流との間の電力はすべて無効電力である.

④ ひずみ波形の電圧や電流が供給される機器では、高調波電圧、電流成分による種々の障害(振動, 騒音, 温度上昇, 雑音, 誤作動, 漏れ電流増加, 巻線の経年劣化など)を発生するおそれがあるので、「高調波抑制対策ガイドライン」に沿うように、高調波を抑制するための種々の対策が機器の設計段階、設置段階で施されている. したがって、パワーエレクトロニクス機器は安心して利用することができる.

⑤ ひずみ波形の電圧、電流は種々の機器に影響を与えるので発生源側で抑制をしているが、それでも外部に流れ出る高調波電流を抑制するために、フィルタを挿入したり、多相化・多重化したりなどの方法がとられている.

演習問題

問1 周期 T, 周波数 f, 角周波数 ω の関係式を示せ.

問2 ひずみ波形の電圧をフーリエ級数に展開するのは何のためか.

問3 図2·1 (a), (b), (c) の電圧波形 v の平均値および実効値を求めよ. また、電圧波形 v をフーリエ級数に展開せよ.

問4 式 (2·9) および式 (2·24) が成り立つことを証明せよ.

問5 高調波を抑制するためのフィルタについて、レポートにまとめよ.

3章

パワー半導体デバイスの基本特性（1）
──デバイスの種類，ダイオードとサイリスタ──

　パワー半導体デバイスは，パワーエレクトロニクスの機器を構成する重要な要素である．パワーエレクトロニクスでは，スイッチングを動作の基本としているので，まず，パワー半導体デバイスのスイッチとしての機能上の分類を述べる．次に，代表的なデバイスであるダイオードとサイリスタの構造と特性について述べ，また，デバイス応用の基本的な技術についても触れる．

1 パワー半導体デバイスの種類について考えてみよう

　パワーエレクトロニクスで用いられるパワー半導体デバイスは，基本的には一方向のみに電流を流す整流機能を持つデバイスである（組み合わせにより両方向に電流を流せるようにしたデバイスを除く）．各種デバイスの外観写真を図 3・1 に示す．

　パワー半導体デバイスは，そのスイッチとしての機能に基づき，次の 3 種類に分類できる．

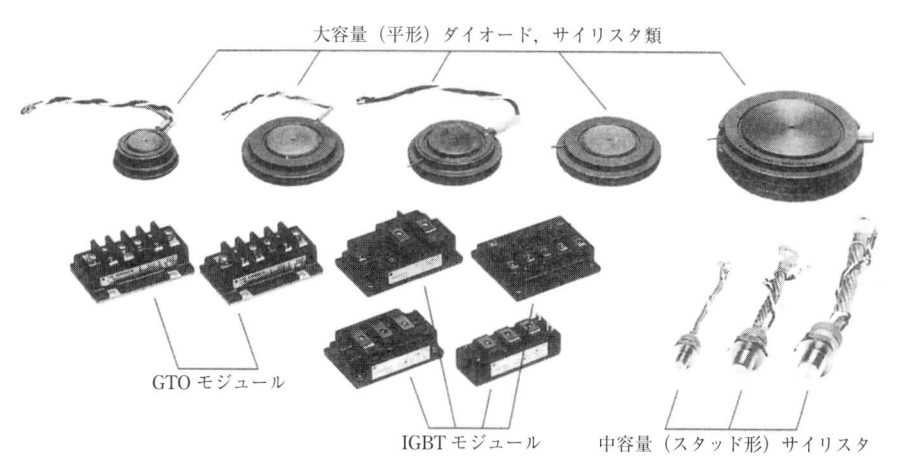

● 図 3・1　各種デバイスの外観　［(株) 日立製作所提供］●

① **非可制御デバイス**：主電極間に加わる電圧の極性のみによって，その導通，非導通状態が決まるデバイスで，ダイオードがこれにあたる．
② **オン機能可制御デバイス**：オフ状態からオン状態へは制御できるが，オン状態からオフ状態への移行は主回路の状態によって支配されるデバイスで，サイリスタがその代表例である．
③ **オンオフ機能可制御デバイス**：オン状態からオフ状態へ制御できるとともに，オフ状態からオン状態へも制御できるデバイスである．**自己消弧形デバイス**と呼ばれ，パワートランジスタやGTOなど種類が多く，また最近，特にこの種類のデバイスの進歩が著しい．

パワー半導体デバイスとしては，最初は亜酸化銅整流器とセレン整流器が用いられ，その後，半導体材料技術の進歩に伴い，ゲルマニウム整流ダイオード，シリコン整流ダイオードが開発された．

半導体とpn接合

物質には，金属のように電気をよく通す導体と，電気をほとんど通さない絶縁体がある．この性質は，物質の内部に存在する自由に移動できる電子の数の多少により決まっている．半導体は導体と絶縁体の中間の抵抗率（導電率）を持ち，温度が上昇すると抵抗が減少する特性を持つ．半導体には，真性半導体と不純物半導体がある．

真性半導体は，シリコンやゲルマニウムのようなⅣ族の元素からなり，外部から熱，光，電界などのエネルギーが与えられると，自由に移動できる電子（自由電子）とその抜け殻（正孔）が発生する．自由電子と正孔を合わせてキャリヤと呼ぶ．しかし，真性半導体中のキャリヤはそれほど多くないので，抵抗率はかなり大きい．

真性半導体に少量のⅤ族またはⅢ族の元素を不純物として添加すると，真性半導体の原子の一部が不純物原子で置き換えられた不純物半導体ができる．不純物半導体には，主として電荷を運ぶ多数キャリヤが電子であるn形半導体と，それが正孔であるp形半導体とがある．

p形とn形の半導体を接合させたpn接合は，p形が正，n形が負になるように電源を接続すると電流が流れる．しかし，逆に，p形が負，n形が正になるように電圧を加えるとほとんど電流は流れない．このように一つの方向にのみ電流を流しやすい性質を整流作用という．

その後，4層3端子デバイスであるサイリスタや，トランジスタ系のパワー半導体デバイスが開発されているが，現在では，ほとんどすべてシリコンデバイスが用いられている．

2 ダイオードの構造と動作原理を見てみよう

ダイオード（diode）は，p形半導体とn形半導体の2層を接合したデバイスで，非可制御タイプのスイッチ，すなわち主電極間に加わる電圧の極性のみによってその導通，非導通が決まるデバイスである．

パワーエレクトロニクスで使用されるダイオードは，電力用という以外は基本的には電子回路で使用するものと同じである．しかし，そのほとんどは整流を目的として用いられるもので，正しくは整流ダイオードと呼ぶべきものであるが，単にダイオードと呼ぶことが多い．

ダイオードの基本的な構造と図記号を図3・2に示す．

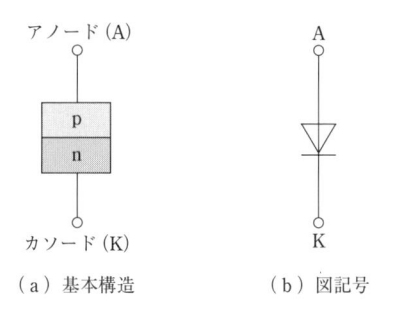

（a）基本構造　　（b）図記号

● 図3・2　ダイオードの基本構造と図記号 ●

実際の構造としては，電流の小さいものは，両端にリードが出たリード形，中容量のものは，ネジで放熱フィンへ取り付けるスタッド形，また大容量のものは上下両面から放熱フィンで圧接して熱を両面に逃がす平形が用いられる．

ダイオードの一般的な電圧・電流特性を図3・3に示す．p側に正，n側に負の電圧（順方向電圧）を加えると，ダイオードはオン状態となり電流が流れる．順方向の電流は，印加電圧に対して急激に増加する．逆にn側に正，p側に負の電圧（逆方向電圧）を加えると，ごく小さい漏れ電流しか流れない．しかし，さらに逆方向電圧を高くしていくと，ある電圧から急激に大きな電流が流れる．この電圧を**逆降伏電圧**（reverse breakdown voltage）と呼ぶ．この電圧より少し低い

値に定められる定格電圧以下で使う必要がある．

　ダイオードの用途としては，まず，交流電源から直流電源をつくる整流回路用がある．この場合，点弧制御は行えないので，出力直流電圧の大きさを変えることはできないが，簡単な構成で交流を直流に整流する機能を持っている．このほかに，主スイッチの電流と逆方向の電流を流すように主スイッチと逆並列に接続するバイパス用などに用いられる．

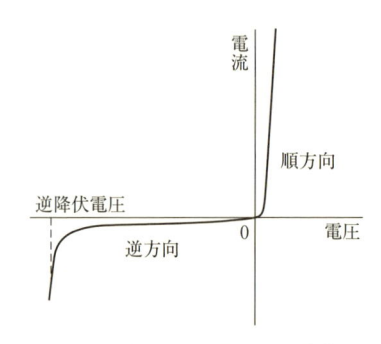

● 図3・3　ダイオードの電圧・電流特性 ●

③ サイリスタの構造と動作原理を見てみよう

〔1〕　逆阻止3端子サイリスタ

（a）　構造と基本機能

　サイリスタ（thyristor）は，pn 接合を三つ以上持つデバイスの総称である．代表的なものは，pnpn 4 層構造で 3 端子を持つデバイスで，その基本構造と図記号を**図3・4**に示す．これは**逆阻止3端子サイリスタ**（reverse blocking triode thyristor）と呼ばれるものであるが，これを単にサイリスタと呼ぶことが多い．

　サイリスタはオン機能可制御タイプのスイッチ，すなわち，オフ状態からオン状態への移行（**ターンオン**：turn-on）は制御できるが，オン状態からオフ状態への移行（**ターンオフ**：turn-off）は主回路状態によって支配されるデバイスである．

　基本特性は，**図3・5**に示すように，アノード・カソード間に順方向の電圧を加えてもゲートの電流を流さなければ阻止状態である．逆方向はダイオードと同じ特性である．ゲート電流を与えない状態で，順方向に加える電圧を増加していき，電圧が限界を超えるとデバイスはターンオンする．これを**ブレークオーバ**という．

3 サイリスタの構造と動作原理を見てみよう

アノード (A)

p
n
ゲート (G) p
n

カソード (K)

（a）基本構造

A

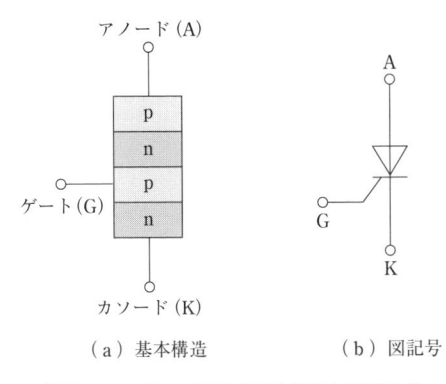

G

K

（b）図記号

● 図 3・4　サイリスタの基本構造と図記号 ●

電流

オン状態

I_G 大 ← $I_G = 0$

逆降伏電圧

ブレークオーバ電圧

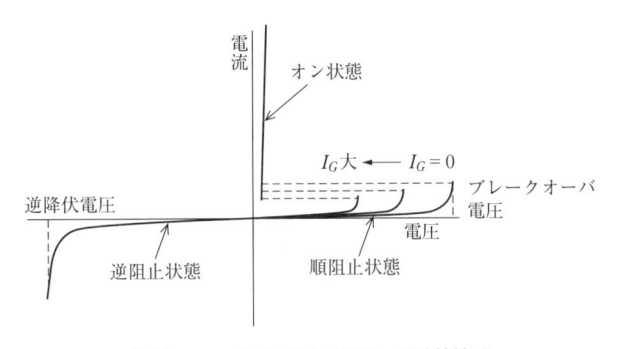

逆阻止状態

順阻止状態

電圧

● 図 3・5　サイリスタの電圧・電流特性 ●

ゲート電流を増していくに従って，オフからオンに移る電圧が低下していく．

（b）動作原理

サイリスタの動作原理は，次のように説明できる．pnpn 4 層構造のサイリスタは，pnp と npn の二つのトランジスタから構成されているとみなすことができる．中央の np 領域は，両方のトランジスタに共通である．このような考えのモデルと等価回路を図 3・6 に示す．トランジスタ 2 (Tr_2) のベースにゲート電流が与えられると，そのコレクタ電流は Tr_2 の増幅作用により増幅された電流が流れるが，その電流はトランジスタ 1 (Tr_1) のベース電流でもあるので，この電流をさらに増幅した電流が Tr_1 のコレクタに流れる．Tr_1 のコレクタ電流は，Tr_2 のベースに，元のゲート電流に加わって流れる．このようなメカニズムで，Tr_1，Tr_2 が完全に飽和した状態に移るのがターンオン動作である．

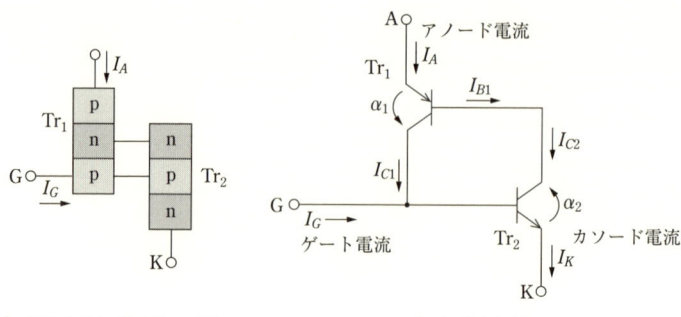

(a) 2トランジスタモデル　　　　　(b) 等価回路

● 図 3・6　サイリスタのトランジスタモデルと等価回路 ●

今、オフ状態にあるとして、電流の関係を求めると次のようになる。

$$I_{C1} = \alpha_1 I_A + I_{C01} \tag{3・1}$$

$$I_{C2} = \alpha_2 I_K + I_{C02} \tag{3・2}$$

$$I_{B1} = I_A - I_{C1} = I_{C2} \tag{3・3}$$

$$I_K = I_A + I_G \tag{3・4}$$

ここで、α_1, α_2 はそれぞれ pnp, npn トランジスタの電流伝達率、I_{C01}, I_{C02} は各トランジスタの漏れ電流である。

以上より

$$(1 - \alpha_1 - \alpha_2) I_A = \alpha_2 I_G + I_{C01} + I_{C02} \tag{3・5}$$

$$I_A = \frac{\alpha_2 I_G + I_{C01} + I_{C02}}{1 - \alpha_1 - \alpha_2} \tag{3・6}$$

この式は、$\alpha_1 + \alpha_2 = 1$ ならば、アノード電流が非常に大きくなることを示している。通常オフ状態では $I_G = 0$ で、$\alpha_1 + \alpha_2$ の値は非常に小さいので、漏れ電流は個々の漏れ電流の和より少し大きい程度である。α_1, α_2 は電流とともに増大する。ゲート電流を与えることにより $\alpha_1 + \alpha_2$ が 1 に近づくと I_A は無限大になり、サイリスタはターンオンする。

(c) スイッチング特性

サイリスタはスイッチングデバイスであるから、そのスイッチングの (時間的) 特性は重要である。サイリスタのターンオンからターンオフまでの過程を図 3・7 に示す。

サイリスタのアノード・カソード間に順電圧を加えた状態で、ゲート信号を与

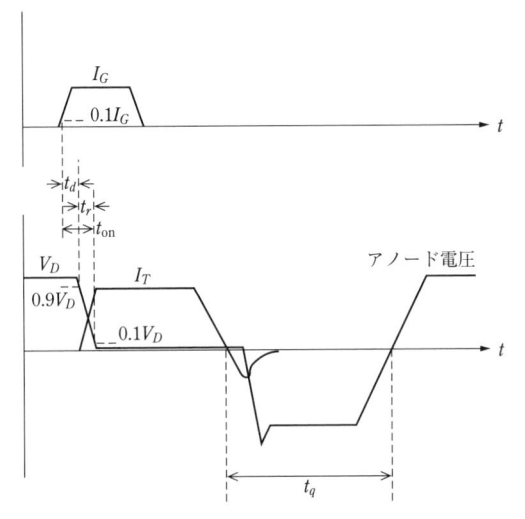

● 図3・7　サイリスタのスイッチング特性 ●

えてターンオンさせる過程において，ゲート信号を与えてから電圧が低下し電流が流れるまでに時間遅れがある．この遅れ，すなわち**ターンオン時間**（t_{on}）（turn-on time）は，**遅れ時間**（t_d）（delay time）と**立上り時間**（t_r）（rise time）の和である．遅れ時間はゲート電流がピーク値の10％に立ち上がった時点から電圧が最初の値の90％まで低下する時間で，立上り時間はその後電圧が10％まで減少する時間である．一般にサイリスタに十分なゲート電流を与えたときのターンオン時間は，数 μs 程度である．

サイリスタをオン状態からオフ状態にする，つまりターンオフするためには，サイリスタを**逆バイアス**（reverse bias）する必要がある．このとき，デバイス内部のキャリヤを掃き出すために，一時的に逆方向に大きな電流が流れた後に逆阻止能力を回復する．この一時的に流れる逆電流は，pn接合が逆阻止能力を回復するときに流れるもので，逆電流の時間積分値を**逆回復電荷**（reverse recovery charge）と呼ぶ．逆回復電荷は，一般に大容量のデバイスほど大きく，またアノード電流の大きさやアノード電流変化率 di/dt が大きいほど大きい．

サイリスタのターンオフ過程においては，逆電流が流れなくなっても，すぐに順電圧を印加するとデバイスは再びターンオンしてしまう．これは，この状態では**蓄積キャリヤ**（stored carrier）がまだデバイスの中に存在するため，完全に

オフして再び順電圧が印加できるようになるまでには，ある時間を要する．この時間を**ターンオフ時間** (t_q)（turn-off time）と呼ぶ．より正確には，ターンオフ時間は，電流が０の時点から順電圧が０を横切る時点までの最小値として定義される．

（d） ゲート特性

サイリスタをオフ状態からオン状態にするには，ゲート信号を印加する．サイリスタのゲート信号感度にはかなりのばらつきがある．このゲート特性は，**図 3・8** のように示される．最大ゲートトリガ電圧，最大ゲートトリガ電流は，どのデバイスも点弧（トリガ）できる電圧，電流である．また，最小ゲート非トリガ電圧は，どのデバイスも点弧しない電圧である．この値は，外部からのノイズ信号によってサイリスタが誤動作することを防ぐために規定されているものである．すなわち，確実に点弧するためには，最大ゲートトリガ電圧，最大ゲートトリガ電流以上の電圧，電流を与える．逆に，ノイズにより誤点弧させないためには，ノイズレベルを最小ゲート非トリガ電圧以下に抑える．実際のデバイスのゲート特性の分布（ばらつき）は，両者の間の図の斜線部分に存在する．

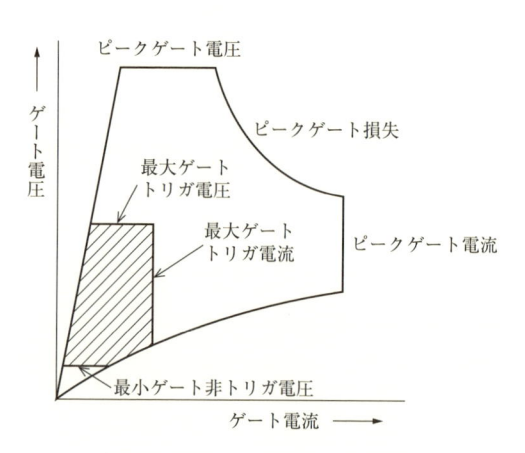

● 図 3・8 サイリスタのゲート特性 ●

（e） スナバ回路

スイッチング（ターンオン，ターンオフ）時のサージ電圧吸収などのために，サイリスタには，一般にコンデンサ C と抵抗器 R を直列接続したいわゆる CR スナバを，デバイスに並列に接続する．また，ターンオン時の電流の立上りを制限

するためにデバイスに直列に**アノードリアクトル**（anode reactor）を接続することもある（これらについて，詳しくは6章参照）．

〔2〕 ゲートターンオフサイリスタ

〔1〕で述べたサイリスタは，オフ状態からオン状態へはゲート制御できるが，オン状態からオフ状態へはゲートでは制御できないデバイスである．これに対して，**ゲートターンオフサイリスタ**（GTO：Gate Turn-Off thyristor）は，オンオフ機能可制御タイプのスイッチ，すなわちオフ状態からオン状態へ制御できるとともにオン状態からオフ状態へも制御できるデバイスで，負のゲート電流によってターンオフできる機能を持つ．その図記号を**図3・9**に示す．

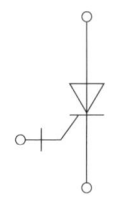

● 図3・9　GTOの図記号 ●

基本的な構造はサイリスタと同じ pnpn 4 層構造であるが，負のゲート電流でターンオフを可能にするために，構造とプロセスが工夫されている．すなわち，GTO では pnp トランジスタの電流伝達率 α_1 を一般のサイリスタと比べてかなり小さく（逆に npn トランジスタの電流伝達率 α_2 は大きく）している．α_1 を小さくする方法としては，金などの重金属を拡散する方法と，アノード側の n 層をアノードに短絡させる方法がある．

GTO のターンオフ能力を上げるためには，負のゲート電流がカソード面全体にいきわたるようにしなければならない．このため，微細な基本構造ユニットを多数並列接続した構造が採用されている．

（a） ターンオフ特性

GTO はターンオフしやすくするため，微細なユニットが多数並列に接続された構造である．このため，ターンオンさせるための正のゲート電流は，通常のサイリスタの数倍程度大きな値を与えなければならない．また，サイリスタは本来は逆阻止能力を持つデバイスであるが，GTO の場合は，ターンオフ能力を上げるために逆方向特性を犠牲にした設計がされることが多く，通常は逆方向は阻止能力

を持たない．以上の点を除けば，GTO 固有のターンオフ特性以外は，サイリスタと類似である．そこで，ここではターンオフ特性を中心に特性を説明する．

GTO をターンオフさせるには，急峻な負のゲート電流を流す．このときの電圧・電流波形を図 3·10 に示す．ゲートに逆電流を流してから，**蓄積時間**（t_s）(storage time) の後，アノード電流が減少する．そして，電流は**下降時間**（t_f）(fall time) の後，下に凸の形となって，その後**テイル電流**（tail current）が流れる．通常，ターンオフ時間（t_{off}）は，蓄積時間と下降時間の和で示される．

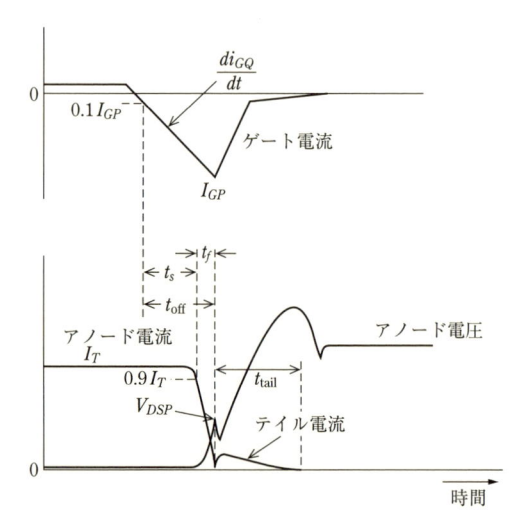

● 図 3·10　GTO のターンオフ時の動作波形 ●

アノード**遮断電流**（I_T）を**オフゲート電流**（i_{GQ}）(off gate current) のピーク値 I_{GP} で割った値（I_T/I_{GP}）を，**ターンオフゲイン**（turn-off gain）と呼ぶ．ターンオフゲインは大容量の GTO では 5～10 程度の値である．ターンオフゲインは特性を表す数値としてわかりやすいが，ターンオフ機構の点からいえば，ゲートターンオフ電荷が重要である．すなわち，ターンオフは，オン電流によりデバイス内部に発生しているキャリヤを，負のゲート電流を流すことにより掃き出すことで行われる．負のゲート電流の時間積分値を**ゲートターンオフ電荷**と呼ぶ．ゲートターンオフ電荷の値は，遮断電流にほぼ比例する．

負のゲート電流の立上り di_{GQ}/dt を大きくすると，オフゲート電流ピーク値は増加，すなわちターンオフゲインは減少する．しかし，ターンオフ時間は短縮され

るので，一般には di_{GQ}/dt は大きくするほうが望ましい．このためには，ゲート回路のインダクタンスはできるだけ減らす必要がある．

(b) ゲート制御基本回路

GTO のゲートには，前述のようにターンオンさせるための正のゲート電流と，ターンオフさせるための負のゲート電流を与える必要がある．さらに，確実な動作のためには，オン期間には正のゲート電流を流し続け，オフ期間には逆バイアス電圧を与えることが望ましい．このためのゲート回路としては，種々の方式が考えられるが，最も基本的な 2 電源方式の回路を図 3・11 に示す．スイッチ S_1 をオンすることにより，**オンゲート電流**（on gate current）が流れる．電流断続時や，インバータの遅れ力率負荷に対応するため，通常，オン期間中持続してゲート電流を与える広幅オンゲートパルス方式が用いられることが多い．また，ターンオンの広がりを早くしてターンオン di/dt 耐量を大きくするために，ターンオン初期に大きな振幅のピークゲート電流を持つオーバドライブ方式を用いることが多い．

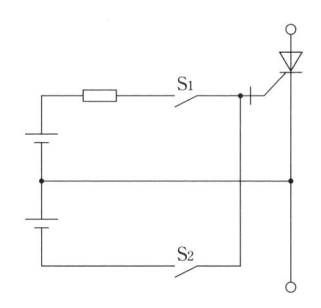

● 図 3・11　GTO のゲート回路（2 電源方式）●

ターンオフ時は，立上りが早く，大きなピーク値のオフゲート電流を与える必要がある．このため，オフゲート電流回路は極力インピーダンスが小さい構成がとられる．スイッチ S_2 をオンすることにより，回路のインダクタンスのみで制限される，立上りが大きい負のゲート電流が流れる．GTO がターンオフした後は，逆バイアス電圧が印加されて，ノイズなどによる誤点弧を防止する．

(c) スナバ回路

GTO は回路の電流を強制的に遮断する能力があるが，電流を強制的に遮断すると，立上りが早い電圧がアノード・カソード間に加わる．このためターンオフ時

の電力損失が大きく,さらにそれが局部に集中するために破壊するおそれがある.このような危険を避けるために,通常,GTO と並列にコンデンサ,抵抗,ダイオードからなる,いわゆる有極性スナバ回路が接続される.この回路を**図 3・12** に示す.ターンオフ時は,GTO のオフにつれて電流はダイオード D を介して**スナバコンデンサ**(snubber capacitor)C を充電する.ターンオン時は,スナバコンデンサの電荷は抵抗 R_s を介して放電することで,電流の大きさを制限する.このように充電と放電の流路を変えることで,望みの動作特性を得るものである.

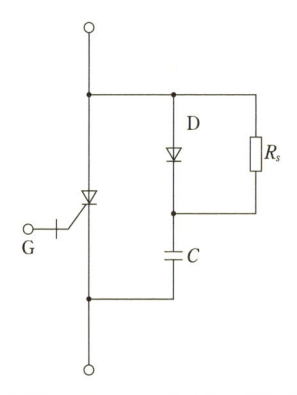

●図 3・12　GTO のスナバ回路 ●

　図 3・10 に示すように,GTO のターンオフ時には下降時間の終期に電圧波形にスパイク状の電圧が重畳する.この**スパイク電圧**(spike voltage)は,GTO のターンオフによりスナバ回路に分流する電流の変化率とスナバ回路インダクタンスの積で生ずる.この電圧が高くなると,GTO はターンオフ失敗して破壊する.したがって,スパイク電圧を小さくするために,スナバ回路の配線はできるだけ短くする必要がある.

まとめ

① パワーエレクトロニクス機器には，スイッチとして，パワー半導体デバイスが用いられる．
② パワー半導体デバイスは，基本的には一方向のみに電流を流す，整流機能を持つデバイスである．
③ パワー半導体デバイスは，そのスイッチとしての機能から，非可制御デバイス，オン機能可制御デバイス，オンオフ機能可制御デバイスの3種類に分けられる．
④ ダイオードはpn接合を一つ持つ2層からなるデバイスで，整流用に用いられる．
⑤ サイリスタはpnpnの4層構造の3端子デバイスで，ゲート信号によりオン状態に移行するタイミングを制御できるが，オフ状態へはゲート信号では制御できない．
⑥ ゲートターンオフサイリスタは，負のゲート信号により，オフ状態へ制御できるが，一般に，かなり大きな負のゲート信号電流を流す必要がある．

演習問題

問1 パワーエレクトロニクスで用いるデバイスは機能的に3種類に分類できる．その違いについて述べよ．
問2 サイリスタのターンオン機構について説明せよ．
問3 サイリスタとGTOのターンオフ時間の違いについて説明せよ．

4 章

パワー半導体デバイスの基本特性（2）
──パワートランジスタ──

　3章に続き代表的なパワー半導体デバイスであるトランジスタ系のデバイスについて，バイポーラパワートランジスタ，パワー MOSFET，IGBT の構造と特性について述べる．また，3章のデバイスを含めた各種のデバイスの比較と，パワーデバイスの将来展望についても述べる．

1 パワートランジスタの構造と動作原理を見てみよう

　ベース電流によりオンオフ制御可能な，自己消弧形すなわち，オンオフ機能可制御タイプの代表的なデバイスである．単にパワートランジスタと呼ぶこともあるが，後述の MOSFET と区別する場合には，**バイポーラパワートランジスタ**（bipolar power transistor）と呼ぶ．トランジスタは，本来増幅機能のデバイスであるが，パワーエレクトロニクスの分野では，これを電力スイッチとして使う．

　パワートランジスタの基本構造と記号を**図 4・1** に示す．電力用としては一般に npn 形が用いられる．大容量のパワートランジスタでは，直流電流増幅率 h_{FE} の低下を補うために，増幅用トランジスタを内蔵した**ダーリントントランジスタ**（Darlington transistor）の構造が用いられる．

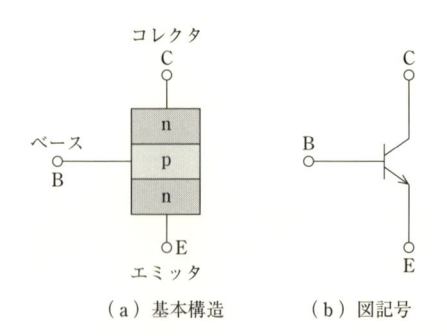

● 図 4・1　バイポーラパワートランジスタの基本構造と図記号 ●

パワートランジスタは中小容量の応用において，主流の位置を占めてきた．産業，家庭電器分野においてインバータが大いに普及したのは，パワートランジスタの大容量化と低価格化によるところが大きい．しかし，最近においては，より高機能，高性能のデバイスへの要求が強く，将来はそのようなデバイスへ応用の中心が移る可能性もある．

〔1〕 **静特性**

図 **4・2** にコレクタ・エミッタ間の出力特性を示す．パワーエレクトロニクスでは**遮断領域**（cut-off area）と**飽和領域**（saturation area）を切り換えて使う．オン状態は飽和領域を利用し，オン状態の損失は［オン電圧］×［コレクタ電流］で決まる．したがって，十分大きなベース電流を与えるとオン電圧が低くなるため**オン損失**（on-state power loss）の低減が可能となるが，ベース電流が大き過ぎるとターンオフ時間が長くなる点に注意が必要である．

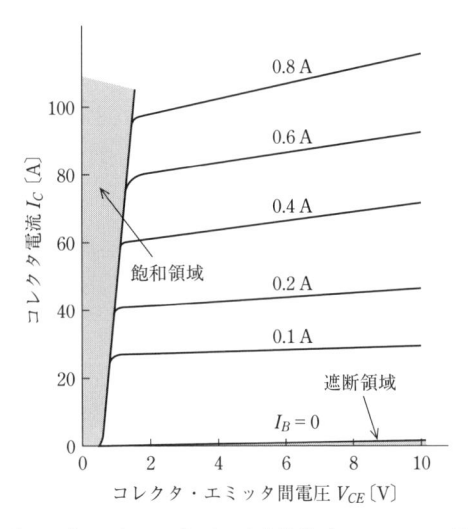

● 図 4・2 バイポーラパワートランジスタの出力特性（1000V，50A級デバイスの例）●

〔2〕 **スイッチング特性**

トランジスタのスイッチング時の**ターンオン時間**，**ターンオフ時間**は，GTO とほぼ同様の方法で規定される．ターンオフ時間は，ベース電流を切ってからデバイス内の蓄積キャリヤが減少しコレクタ電流が減少を始めるまでの時間である**蓄積時間**と，電流が減少する時間である**立下り時間**の和である．これらの時間は，

コレクタ電流やベース電流の大きさに依存するものである．特にスイッチング時間のうちで最も大きい蓄積時間を小さくするため，ターンオフ時にはベースに逆電流を流す方法が用いられる．

パワートランジスタには，安全に使用できる範囲のコレクタ・エミッタ間電圧とコレクタ電流の関係を示した**安全動作領域**（SOA：Safe Operating Area）が存在する．この範囲内で使用していればパワートランジスタは安全に動作するが，これを超えると破壊する．

SOA には，順バイアス SOA と逆バイアス SOA がある．これらを**図 4・3** に示す．順バイアス SOA は，ベース・エミッタ間を順バイアスしたオン状態での特性で，電圧・電流の最大定格のほかに，**最大コレクタ損失**（maximum collector dissipation）と**二次降伏**（secondary breakdown）現象で制限される領域とで表され，これらはパルス幅 t_w（オン期間）に依存する．しかしパワーエレクトロニクス応用では，順バイアス SOA が問題になるケースは少ない．

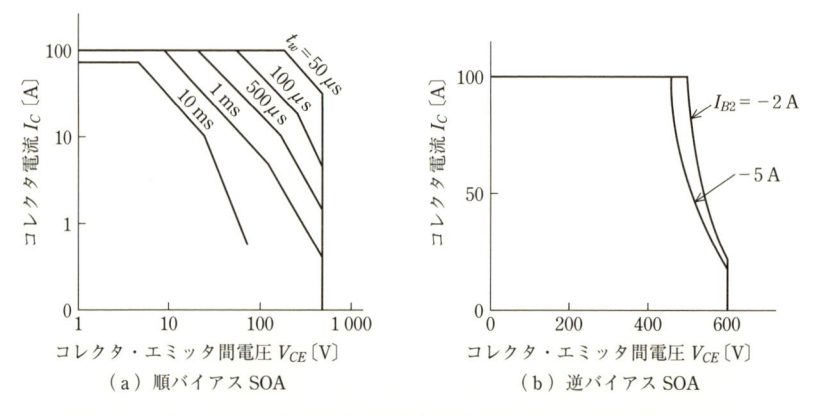

● 図 4・3　パワートランジスタの安全動作領域（SOA）（600 V，50 A 級デバイス）●

逆バイアス SOA はターンオフ時にベースを逆バイアスした状態で印加できる電圧・電流の範囲を示すもので，トランジスタをインバータなどに応用して，ベースを逆バイアスしてターンオフするときに重要である．逆バイアス SOA はベース逆電流 I_{B2} が大きいと多少狭くなる．このことから，ターンオフ蓄積時間を短縮するためにベース逆電流を大きくする場合は，必要以上にベース逆電流を大きくし過ぎないように注意を要する．

2 パワーMOSFETの構造と動作原理を見てみよう

　MOSFETはMetal Oxide Semiconductor Field Effect Transistorの略語であり，金属酸化膜シリコン電界効果トランジスタを意味する．

　パワーMOSFETはバイポーラパワートランジスタと違って**ユニポーラ形**（unipolar）のデバイスであり，キャリヤが正孔か電子のいずれか一方のみである．したがって，バイポーラ形のデバイスのような少数キャリヤの蓄積効果がないため，スイッチング速度が速いのが特徴である．さらに，**電圧駆動形**（voltage driven）であるため駆動に必要な電力が小さい，などの特長を持っている．一方，**オン抵抗**（on-state resistance）が大きいという電力用としては重大な短所を有するために，現状では比較的小容量の高周波用途に応用が限られている．

〔1〕構　造

　パワーMOSFETの図記号と代表的な基本構造を図4・4に示す．図は一般的なnチャネル形を示すが，ゲートに（ソースに対して）正の電圧を加えると，ゲート面に対面した半導体の表面に負の電荷が現れる．これによりp形部分がn形に反転して**チャネル**（channel），すなわち電子の通路となる．ドレーン・ソース間に電圧が与えられていれば，このチャネルを通して電子がソースからドレーンに移動，すなわち電流がドレーンからソースに流れる．

〔2〕特　性

　ゲート・ソース間に加える電圧 V_{GS} により，ドレーン電流の制御が可能である．

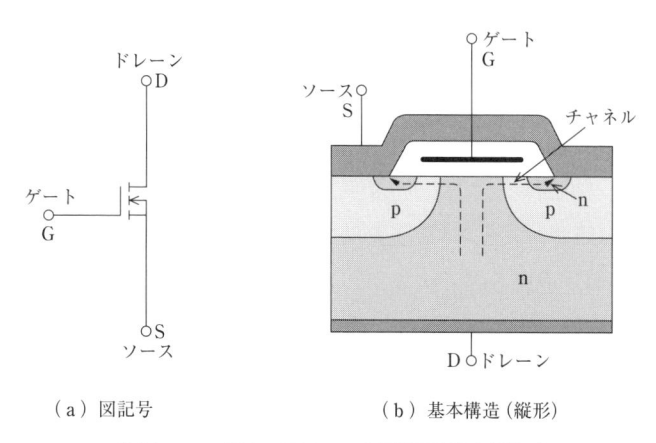

（a）図記号　　　　　　　　　（b）基本構造（縦形）

● 図4・4　パワーMOSFETの図記号と基本構造 ●

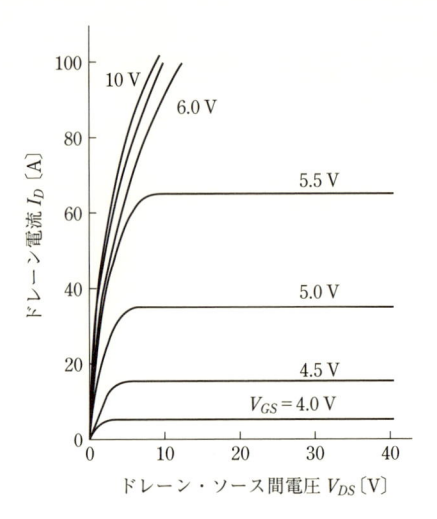

● 図 4・5　パワー MOSFET の出力特性（500 V，50 A 級デバイスの例）●

パワー MOSFET の出力特性を図 4・5 に示す．V_{GS} が数 V 以下ではドレーン電流は非常に小さいオフ状態である．V_{GS} がある値以上ではオン状態となるが，オン電圧はドレーン電流に比例する定抵抗特性を示す．このオン抵抗はかなり温度依存性が大きく，温度が上がるとオン抵抗が増加し，高温では常温の 2 倍くらいの抵抗になる．このため，熱による電流集中を起こさないことになるので，安全動作領域は広い．

〔3〕 スイッチング特性　■■■

パワー MOSFET は少数キャリヤの蓄積効果がないため，バイポーラトランジスタに比べてスイッチングが極めて速い．そのスイッチング時間は主として電極間の**寄生容量**（parasitic capacitance）で決まる．すなわち，ゲート・ソース間およびゲート・ドレーン間の容量をドライブ回路から充電，または放電する時間で決まる．ほかのデバイスと同様に，**ターンオン遅れ時間**，**ターンオン立上り時間**，**ターンオフ遅れ時間**，**ターンオフ下降時間**が定義されるが，これらは数十 ns ないし百 ns 程度の値である．

パワー MOSFET では，その構造からソース・ドレーン間にダイオードが形成される．このダイオードはインバータなどの応用において**帰還ダイオード**（feedback diode）として利用することができる．

3 IGBTの構造と動作原理を見てみよう

IGBT（Insulated Gate Bipolar Transistor）は，バイポーラとMOSの複合機能デバイスで，比較的新しいデバイスである．バイポーラとMOSのそれぞれの長所を併せ持つ狙いのデバイスで，応用が広がってきている．

〔1〕 **構造と動作原理**

IGBTの図記号と基本構造を**図4・6**に示す．IGBTの構造はMOSFETのドレーン側にp層を付加した形である．

エミッタを基準にしてゲートに正の電圧を印加すると，パワーMOSFETの場合と同様にゲート電極の下のp層表面にnチャネルが形成されn（ベース）層に電子が流入する．これによりコレクタ側p層からは正孔の注入が起こり，**少数キャリヤ**（minority carrier）が蓄積され，n（ベース）層の抵抗値は伝導度変調により大幅に減少する．これによりバイポーラトランジスタなみの低いオン電圧とすることができる．

IGBTの電流は，MOSFETを流れる電子電流とpnpトランジスタを流れる正孔電流の二つからなり，IGBTは基本的には**図4・7**の等価回路で表される．なお，

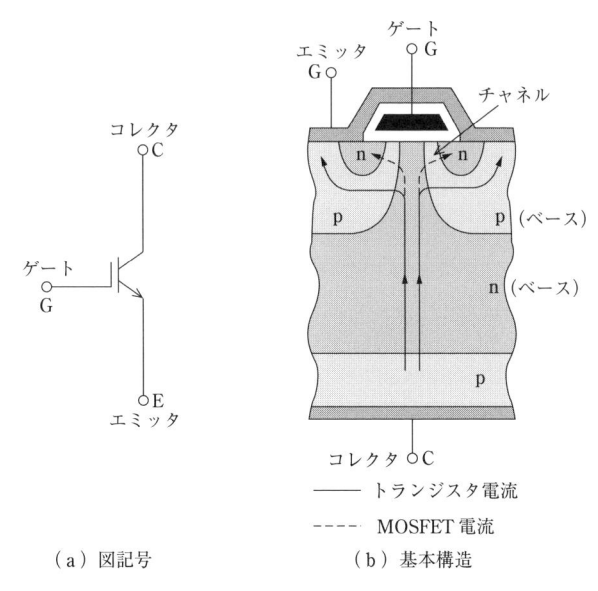

（a）図記号　　　　　（b）基本構造

● **図4・6　IGBTの図記号と基本構造** ●

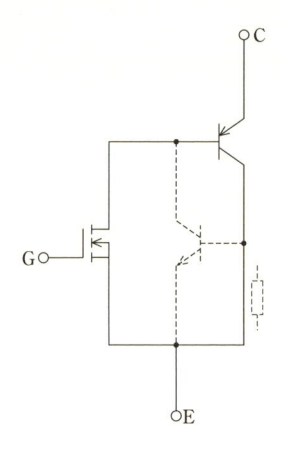

● 図 4・7　IGBT の等価回路 ●

　IGBT 内部には，n ベース，p ベース，n エミッタからなる寄生 npn トランジスタが存在し，これと pnp トランジスタで寄生サイリスタを構成する．このサイリスタが点弧（ラッチアップ）すると自己消弧能力を失うが，その対策技術はほぼ確立されている．

　IGBT をターンオフするには，ゲート電圧を零または負電圧にする．MOSFET を流れる電子電流は，ゲート電圧の変化にすぐ追随して消滅するが，pnp トランジスタを流れる正孔電流の減少は，n（ベース）層内の蓄積キャリヤの排除まで少し遅れる．このため，ターンオフ時の IGBT 電流は 2 段に減少する．ターンオフ時間は数百 ns 程度が可能で，MOSFET に比べると遅いが，バイポーラパワートランジスタに比べればかなり速い．

　このように IGBT は，低いオン電圧と速いスイッチング時間が得られるため，インバータを中心に応用が広がっている．オン電圧とターンオフ時間はトレードオフの関係があるが，その改良が急速に進んでいる．

〔2〕 特 性

IGBTの出力特性を図4・8に示す．

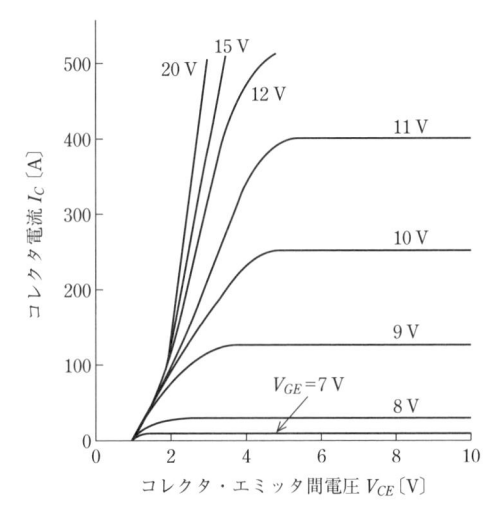

● 図4・8　IGBTの出力特性（1 200 V, 300 A級デバイスの例）●

4 各種デバイスを比較してみよう

以上述べたデバイスのほかに，SI（Static Induction）サイリスタやMCT（MOS Controlled Thyristor）などもあり，パワーデバイスの種類は非常に多い．

主要なデバイスの代表的な定格と特性を**表4・1**に示す．また，主要なデバイスの適用範囲（制御容量とスイッチング周波数）の概略を**図4・9**に示す．

このようにデバイスの種類が非常に多いのは，応用される容量，周波数範囲が

● 表4・1　各種パワーデバイスの代表的な定格と特性 ●

種　類	定格電圧	定格電流	オン電圧	ターンオン時間	ターンオフ時間
サイリスタ	6 000 V	2 500 A	3.0V/2 500 A	10 μs	400 μs
GTO	4 500 V	3 000 A	4.0V/3 000 A	10 μs	20 μs
パワートランジスタ	1 200 V	800 A	2.5V/800 A	3 μs	15 μs
MOSFET	1 000 V	8 A	1.3 Ω*	0.2 μs	0.4 μs
IGBT	1 200 V	600 A	2.0V/600 A	0.8 μs	0.4 μs

＊オン抵抗

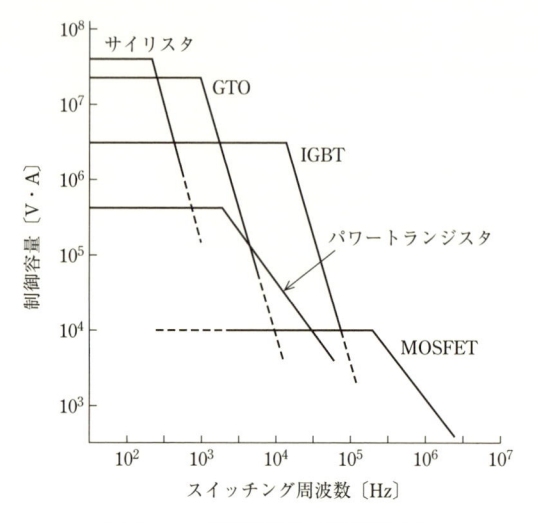

● 図4・9　各種デバイスの適用範囲 ●

広いのに対して，1種類で対応できる万能のデバイスがないためである．ここで，各デバイスの特徴の概略を述べる．

　サイリスタは，単位チップ面積に対する制御容量（制御できる電流と電圧の積）が最も大きく，また，高い定格電圧が実現できるデバイスである．

　GTOは，サイリスタの一種であり，自己消弧形のデバイスとしては，最も高い定格電圧と大容量が実現できる．すなわち，定格電圧を高くしたときのオン電圧の増加は比較的小さい．しかし，スイッチング周波数を高くしたときの損失の増加が大きい．一般に自己消弧形のデバイスは，高いスイッチング周波数で使用したい用途が多いが，GTOは，自己消弧形のデバイスの中では最も低い周波数帯域用である．

　バイポーラパワートランジスタは定格電圧を高くすると h_{FE} が低下するので，チップ面積を大きくする必要がある．また，スイッチング周波数を高くしたときの損失は，GTOよりは小さいが，MOS系のデバイスよりは大きい．したがって，用途として，中容量，中程度の周波数帯域用のデバイスである．

　パワーMOSFETは，スイッチング周波数と損失の関係からは，最も高周波数の用途に適したデバイスである．しかし，低周波数ではバイポーラパワートランジスタに比べてかなり損失が大きく，またチップ面積当たりの制御容量も小さい．

特にこの点は高い定格電圧のデバイスになるとさらに不利になる．このため，主に低電圧高周波用として用いられるデバイスである．

以上のように，一般的に，大容量に使用できるデバイスはスイッチング速度が遅く，逆に速度が速いデバイスは制御容量を大きくできない．このため，大容量の装置ではスイッチング速度をある程度犠牲にするか，または**多重化**などの応用側の工夫で対処している．しかし，デバイスの側でもこの改良は進められており，IGBTのように高速で容量の大きいデバイスが実現しつつある．

IGBTは，バイポーラとMOS構造を組み合わせることにより，両者の長所を併せ持つ狙いで開発されたデバイスで，バイポーラトランジスタより高い周波数で使用でき，また，パワーMOSFETより大きい容量が実現できる．産業用や家庭用の多くの機器に用いられる周波数，容量帯域で，バイポーラパワートランジスタ，パワーMOSFETと比べて有利な状況にあり，今後多くの用途に用いられるとみられる．

また，デバイスにおける近年の特徴の一つに，複合モジュール化がある．最近では，インバータ使用に適するように主スイッチングデバイスと帰還ダイオードを組み込んだ**モジュール**（module）が広く普及している．1アームモジュール，1相（上下2アーム）モジュール，6アームモジュールなどが商品化されており，6アームモジュールはそのまま三相インバータが構成できる．さらにこれらモジュールの多くは絶縁形で，内部電気回路から絶縁された放熱板を持っており，放熱フィンに直接取り付けて使用できるため，装置組立が容易である．最近では，パワートランジスタやIGBTは，単体よりもモジュールで取り扱われることが多い状況である．

なお，各デバイスのゲート制御回路については，参考書を参照されたい．

現在のデバイスは，ほとんどすべてにシリコン半導体が用いられている．各デバイスの性能改善が進んで，シリコンの物性値に依存するパワーデバイスの性能限界に近づいている．その限界を超えた性能が期待されているものに，ワイドバンドギャップ半導体によるデバイスがあり，中でもシリコンカーバイド半導体（SiC）を用いたデバイスが注目されている．

シリコンカーバイドはシリコンと比べて，バンドギャップ，絶縁破壊電界強度，熱伝導率が数倍大きい．このため，高耐圧でオン抵抗が小さいデバイスの実現が可能となる．また，高周波動作，高温動作が可能で，このようなデバイスを応用

することにより，応用装置の大幅な高効率化，小型化，高密度実装が可能となると期待されている．

まとめ

① パワートランジスタは，本来は増幅機能のデバイスであるが，オンオフ機能可制御デバイスの代表的なデバイスとして，パワーエレクトロニクスでスイッチとして用いられる．

② バイポーラパワートランジスタは，インバータの広範囲の普及に貢献してきたデバイスである．安全動作領域を考慮して使用する必要がある．

③ パワー MOSFET はユニポーラ形のデバイスで，スイッチング速度が速く，駆動電力が小さいが，オン抵抗が大きいため，比較的小容量で高周波の用途に適する．

④ IGBT はバイポーラトランジスタの大電力特性と，MOSFET の高速スイッチング，電圧駆動特性という，それぞれの長所を併せ持つ狙いのデバイスで，広く応用されている．

⑤ パワーエレクトロニクス機器の制御容量とスイッチング周波数は大きな広がりを持っており，各種のデバイスをその特徴に応じて適用することが重要である．

⑥ 現在主流のシリコン半導体デバイスに対して，将来はシリコンカーバイド（SiC）デバイスが，その高速，低損失，高温動作などの特徴から，有望視されている．

演習問題

問1 バイポーラパワートランジスタとパワー MOSFET の特徴を比較せよ．

問2 IGBT の特徴を，パワートランジスタ，パワー MOSFET と比較して説明せよ．

問3 サイリスタとパワートランジスタのターンオフ時間の違いについて説明せよ．

問4 各種パワーデバイスの使用範囲について述べよ．

5章

電力の変換と制御（1）
──スイッチングによる電力変換──

　これまでの章ではパワーエレクトロニクスにおける「電力の変換と制御」の応用の可能性や，そのために使用される半導体デバイスについて学んだ．この章では半導体デバイスのスイッチングによる電力変換と電圧の制御法について学ぼう．

1　電力の変換のしくみを考えてみよう

　パワーエレクトロニクスでは 3, 4 章で学んだトランジスタやサイリスタ，IGBT などの半導体デバイスを多く用いるが，その使い方は通常のオーディオ・ビジュアル機器用増幅器とは大きく異なる．オーディオ機器ではトランジスタ自体での電圧降下を調整して音声信号を作るが，トランジスタでの電力損失が大きく，効率の点で大きな電力を扱う電力変換には適していない．

　オーディオ機器では，最終的に信号を音声で出力するためにスピーカを鳴らすが，スピーカを鳴らすためにはかなりの電力を必要とするため，前段での信号増幅とは違った電力増幅が必要である．例として，図 5・1 に示すトランジスタを用

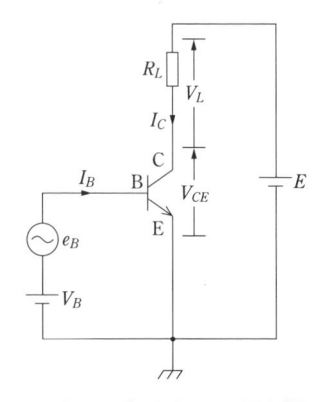

● 図 5・1　トランジスタを用いた電力増幅回路 ●

いた電力増幅回路を調べてみよう.

図5·1の電力増幅回路では，トランジスタのベース電流 I_B が信号源 e_B により変わることを利用して負荷抵抗 R_L へ供給される電力を制御している.このトランジスタの電圧・電流特性を**図5·2**(a) に示す.図中の負荷線は負荷抵抗 R_L に対応するものである.トランジスタはバイアス電流 I_{B2} を中心に信号増幅されるものとする.信号源 e_B により，ベース電流が I_{B1} と I_{B3} の間で変化するとコレクタ電流 I_C は，I_{C2} を中心に I_{C1} と I_{C3} の間で変化して電流増幅される.これに伴って，トランジスタのコレクタ・エミッタ間電圧 V_{CE} は，V_{CE1} と V_{CE3} の間で変化する.このときトランジスタでは，入力信号 e_B がゼロのときでも（$V_{CE2} \times I_{C2}$）の電力損失が発生する.

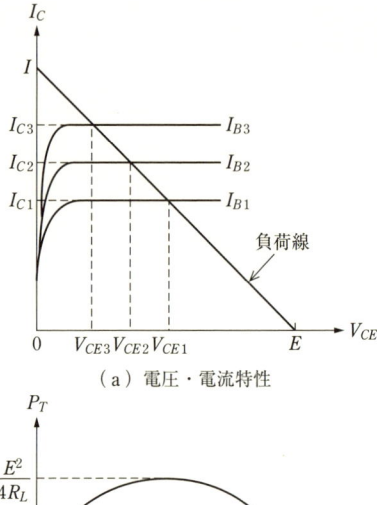

(a) 電圧・電流特性

(b) 電圧・電力損失特性

● 図5·2　トランジスタの動作特性 ●

より一般的に，トランジスタで発生する電力損失 P_T を考えてみよう.

$$P_T = V_{CE} \times I_C = V_{CE} \times V_L / R_L$$
$$= V_{CE}(E - V_{CE})/R_L = (V_{CE} E - V_{CE}^2)/R_L$$
$$= \left(\frac{-1}{R_L}\right)\left(V_{CE} - \frac{E}{2}\right)^2 + \frac{E^2}{4R_L} \tag{5·1}$$

この式を V_{CE} を横軸にとって示すと図5·2 (b) になる.これから，電力増幅デバイスであるトランジスタでの電力損失 P_T は，V_{CE} が $E/2$ のときに最大で，その値は $E^2/(4R_L)$ になることがわかる.$V_{CE} = E/2$ のときには，負荷 R_L の電圧 V_L も $E/2$ であるから，負荷に供給される電力も同様に $E^2/(4R_L)$ となる.すなわち，このときには，出力と同じ電力がトランジスタ内でも消費されることになり，大きな電力損失が発生することになる.この方法は「リニア増幅方式」とか「シリーズドロッパ方式」と呼ばれ，負荷に加える電圧以外の部分をトランジスタで消費することにより負荷電力を制御する方式で，本質的にデバイスでの電力損失を伴

う方式である．

　パワー半導体デバイスでの電力損失はエネルギーが無駄に使われるという欠点の他に，デバイスが電力損失により発熱するので，デバイスを正常動作させるために大きな冷却器（放熱器）を備える必要がある．パワーエレクトロニクスでは数 kW から数千 kW 台の大電力を扱うために，これらの過大な電力損失は許容できるものではなく，別の方法が必要となる．

　図 5·2 (b) のトランジスタの電圧・電力損失特性において，A 点は I_C が非常に小さいときで，V_{CE} は電源電圧 E に近い値になるが，デバイスでの損失（$V_{CE} \times I_C$）はゼロに近くなる．また，V_{CE} が非常に小さい B 点では，I_C は最大値 $I(=E/R_L)$ に近くなるが，同様にデバイスでの損失はゼロ近くになる．前者 A 点を**遮断領域**，後者 B 点を**飽和領域**と呼ぶが，トランジスタをこの 2 点で使用すれば，トランジスタ自体での損失を少なくすることができる．この方法はトランジスタを単なるスイッチとして使用することを意味する．遮断領域はスイッチのオフ状態に，飽和領域はスイッチのオン状態に対応することになる．

　パワーエレクトロニクスではパワー半導体デバイスでの損失を少なくするために，デバイスをスイッチのようにオンとオフの二つの状態を切り換える動作（スイッチング動作）のみで使用し，その中間状態である線形（リニア）増幅範囲内では使用しないような使い方をしている．このような電力変換を「スイッチングによる電力変換」と呼んでいる．

2　電力変換のためのスイッチに要求される条件を考えてみよう

　パワーエレクトロニクスではパワー半導体デバイスでの損失をなくすために「スイッチングによる電力変換」を行うことを学んだ．ここでは，パワー半導体デバイスをスイッチとして使用する条件を考えてみよう．

〔1〕　**理想的なスイッチとその条件**

　図 5·3 において負荷が抵抗の場合を例にとり，理想的なスイッチに求められる条件を考えてみよう．

① 　スイッチがオフ状態のとき，回路に流れる電流，すなわち漏れ電流（i_{off}）は 0 であること．

② 　スイッチがオン状態のとき，スイッチの電圧（v_{on}）が 0 であること．

③ 　スイッチがオン状態からオフ状態に変わるときの時間（t_{off}），あるいはオフ

状態からオン状態に変わるときの時間（t_{on}）が0であること．

④　スイッチを高速で長時間繰り返してオンオフしても，スイッチが損傷しないこと．

以上の条件が満足されるとスイッチでの損失が0となり，理想的なスイッチが実現できる．

しかし，理想的なスイッチの条件を完全に満たすスイッチは存在しない．実際のスイッチでは図5・3（c）に示すようにオンオフ時に時間遅れがあり，電力損失が発生する．機械的スイッチは理想的なスイッチの動作に近いが，上記の条件③，④を満たすことはできない．

〔2〕　**半導体スイッチに要求される条件**

半導体スイッチを構成するのはダイオード，トランジスタ，サイリスタなどのパワー半導体デバイスである．高い周波数でのスイッチングに適用されるデバイスは，**スイッチングデバイス**とも呼ばれている．

以上，述べてきたことから，図5・3（c）をもとに半導体スイッチに要求される条件を整理してみよう．負荷が要求する電圧 E，電流 I をデバイスが制御できな

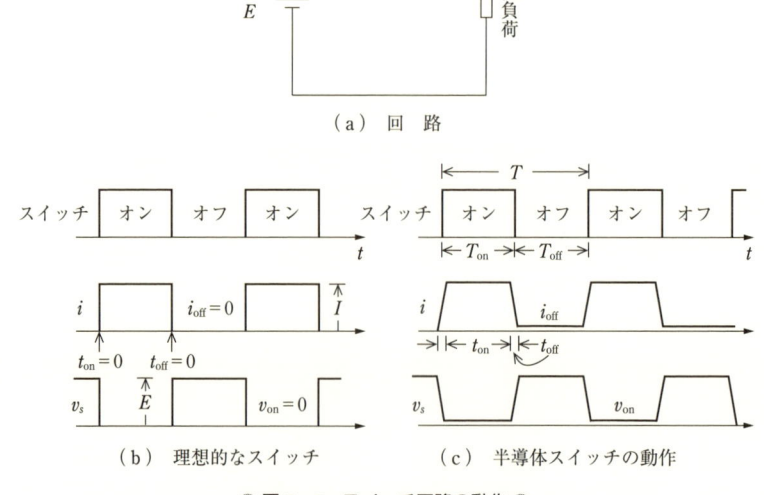

● 図5・3　スイッチ回路の動作 ●

ければならないことはもちろんであるが
① v_{on} が小さいこと（v_{on}/E が小さいこと）
② i_{off} が小さいこと（i_{off}/I が小さいこと）
③ t_{on}, t_{off} が小さいこと（t_{on}/T, t_{off}/T が小さいこと）
④ できるだけ小さな信号でオン動作，オフ動作が行えること
⑤ その他，寿命が半永久的であること，小型軽量・安価であること
など，これらの条件を満足するパワー半導体デバイスが望まれる．

3 スイッチングを利用して電圧を変えてみよう

パワー半導体デバイスを理想スイッチと考えて，種々の電圧に電力変換する方法を見てみよう．

〔1〕 直流可変電圧の生成

図 5・4 (a) の回路図で，理想スイッチのオンオフにより電圧 E の直流電源から，負荷 R に E より低い平均電圧 V_{ave} を発生させ，それを可変したい場合を考える．

スイッチを一定周期 T のうち T_{on} の間オンし，残りの T_{off} の間オフとする動作を繰り返すとき，負荷に加わる電圧は図 5・4 (b) のようなパルス波形になるが，その平均電圧 V_{ave}

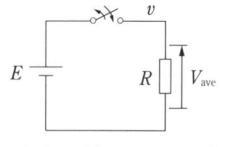

(a) 理想スイッチ回路

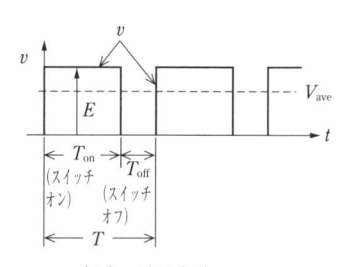

(b) 電圧波形

● 図 5・4 直流可変電圧の生成 ●

■ スイッチ ■

機械的スイッチ（mechanical switch）は，接点が機械的に開閉して電圧，電流のオンオフを行うもので，動作速度が遅く，アークを発生するので寿命が短いが，接点部に生ずる損失が極めて小さいため，大電力の開閉・切換えに適している．しかし，電力の変換と制御を目的とするパワーエレクトロニクス回路では，機械的スイッチではなくてダイオード，トランジスタ，サイリスタなどのパワー半導体デバイスによる**半導体スイッチ**（semiconductor switch）が用いられる．半導体スイッチでは，数 kHz から数百 kHz という高速でのオンオフも可能であり，寿命が長く，電力をきめ細かく変換することができるという大きな特徴がある．

はどのようになるか調べてみよう．

周期的に変動する波形 v の平均値 V_ave は式（5・2）で計算される．

$$V_\mathrm{ave} = \frac{1}{T}\int_0^T v\,dt = \frac{1}{T}\int_0^{T_\mathrm{on}} v\,dt \tag{5・2}$$

これを図5・4に当てはめてみると次のようになる．

$$V_\mathrm{ave} = \frac{1}{T}\int_0^T v\,dt = \frac{1}{T}\left[\int_0^{T_\mathrm{on}} E\,dt + \int_{T_\mathrm{on}}^T 0\cdot dt\right]$$

$$= \frac{1}{T}\cdot E\cdot T_\mathrm{on} = E\,\frac{T_\mathrm{on}}{T} = E\,\frac{T_\mathrm{on}}{(T_\mathrm{on}+T_\mathrm{off})} = d\cdot E \tag{5・3}$$

$$d = \frac{T_\mathrm{on}}{(T_\mathrm{on}+T_\mathrm{off})}$$

すなわち，負荷にかかる電圧の平均値はスイッチのオン時間に比例して連続的に変化させることができる．この周期 T に対するオン時間 T_on の割合 d を**デューティファクタ**（duty factor, 日本語では通流率）と呼ぶ．

このように，周期 T を一定とし，オン時間 T_on を変えて平均電圧 V_ave を制御する方法を**デューティファクタ制御**（duty factor control）と呼んでいる．

なお，実際の回路では，図5・5（a）のようなトランジスタSのオンオフ動作を用い，インダクタンスに蓄えられたエネルギーを処理するために**環流ダイオード**（またはフライホイールダイオード，free wheeling diode）と呼ばれるダイオードDを挿入する．トランジスタはオンオフ動作を行うのみで損失はゼロであり，インダクタンスはスイッチングによる電流脈動をエネルギーの充放電により吸収する働きをするのみで，エネルギーを消費しない．その際負荷 R の電流 i_2，電圧 v_R の波形は図5・5（b）に示すような連続した脈動の少ない波形になる．電圧をきざむ意味から，図5・4，5・5の回路を**チョッパ回路**（chopper circuit）と呼ぶ．

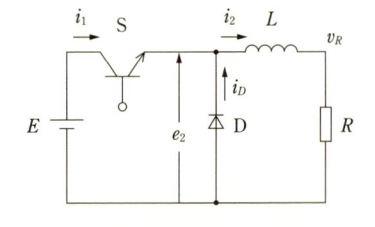

（a）実際のチョッパ回路

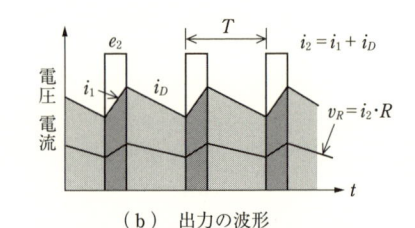

（b）出力の波形

● 図5・5　実際の回路図と動作波形 ●

3 スイッチングを利用して電圧を変えてみよう

負荷にかかる電圧はパルス状に変化するが，負荷がインダクタンス分を含む場合や電動機負荷のような場合，スイッチングの周期 T を十分小さく選んでおけば，パルス状電圧による出力電流の脈動や電動機が発生するトルクの変動は無視できるほど小さくなる．通常，スイッチングの周波数は，応用の状態にもよるが，数 kHz 以上に選ぶことが多く，スイッチング動作による電流やトルク変動の影響はほとんど無いということができる．

〔2〕 オンオフ信号の作り方 ■■■

周期中のパルス幅（またはデューティファクタ）を変化させる方法をデューティファクタ制御と呼ぶが，入力信号の大きさに応じてデューティが変化するようなオンオフ信号の作り方は次のようにする．

図 5・6 (a) のように，比較器（コンパレータ）で**搬送波**あるいは**キャリヤ**と呼ばれる三角波（または鋸歯状波）v_c と信号波 v_s を比較し，三角波より信号波のほうが大きい場合にオン信号が発生するようにする．信号波が変化した場合，自動的にオン信号幅は変化して，同図 (b) に示すような信号波に応じたデューティファクタのパルスが得られる．図では信号波 v_s が 3 段階のステップ状に変化した場合を示している．

信号波 v_s がゼロから最大の三角波の振幅値 V_{cp} まで変化するように調整されているとする．任意の入力 v_s に対するデューティファクタを計算すると次のようになる．

$$v_s/V_{cp} = T_{on}/T = d \tag{5・4}$$

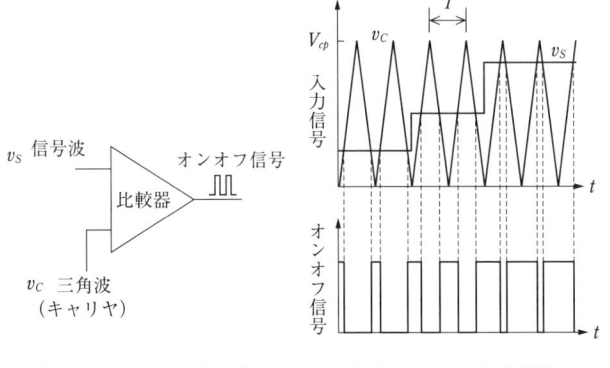

（a） オンオフ信号発生方法　　　　（b） オンオフ信号波形

● 図 5・6　オンオフ信号の作り方 ●

ここで，T は三角波の周期である．

ゆえに，$d=v_s/V_{cp}$ となって，デューティファクタは信号波に比例する．

$v_s=0$ でデューティファクタもゼロ，$v_s=V_{cp}$ でデューティファクタは1.0（100％）となる．信号波 v_s を変化させることによって，デューティファクタ，パルス幅を連続的に変調制御できる．キャリヤ v_c の周波数は，その用途により適当に選択されるが，高速な半導体デバイスが使える場合は，スイッチングの音が人間の耳に聞こえないような可聴周波数以上の周波数（15kHz 以上）を選ぶ場合が多い．

〔3〕 直流正負可変電圧の生成

図5・5，5・6では，デューティファクタ制御によって正の直流可変電圧が得られることがわかった．では，デューティファクタ制御方式で正負両極性の電圧を連続的に得るには，どうすればよいのだろうか．

図5・7(a)はデューティファクタ制御方式で正負両極性の電圧を連続的に得るための回路で通常**ブリッジ回路**（bridge circuit）と呼ばれる．この図で，Tr_2^- を常時オンとし，Tr_1^+ をオンオフするようにすれば，これは図5・4(a)で示した理想スイッチの回路と等価で，図5・4(b)で示した正電圧の波形が得られることがわかる．

図5・7(a)で，トランジスタ Tr_1^+ と Tr_2^- をオンとし，Tr_1^- と Tr_2^+ をオフにすると出力電圧 v_0 は $+E$ になる．一方，Tr_1^+，Tr_2^- をオフに，Tr_1^- と Tr_2^+ をオンに

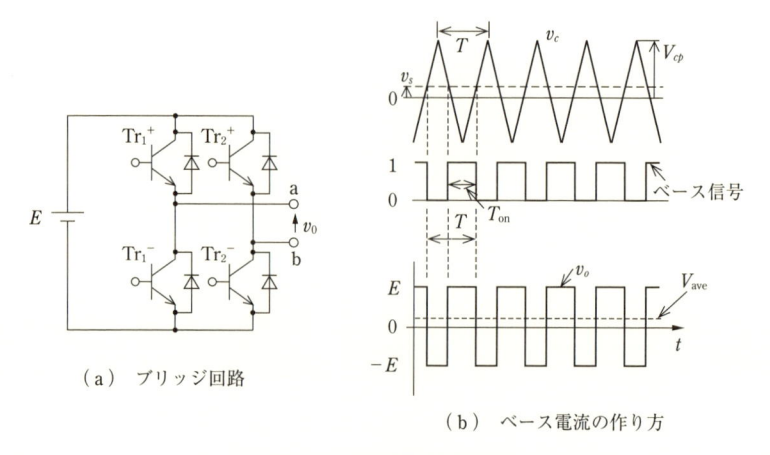

（a）ブリッジ回路

（b）ベース電流の作り方

● 図5・7　正負電圧発生回路 ●

すると出力電圧 v_0 は $-E$ になる．ゆえに，それぞれのトランジスタのオンオフ時間を制御して，この $+E$ と $-E$ の時間比を調節すれば v_0 の平均電圧 V_{ave} を $-E$ ～ $+E$ までの間で制御できる．図 5・7（b）は，このときのスイッチング信号の作成方法を示す．キャリヤの三角波 v_c と信号波 v_s を比較して得られたパルス信号（ベース信号）の '1' 信号で Tr_1^+，Tr_2^- をオンに（Tr_1^- と Tr_2^+ はオフに），'0' 信号ではその逆の Tr_1^- と Tr_2^+ をオンに（Tr_1^+，Tr_2^- をオフに）するように各トランジスタのベースを駆動すればよい．

このようにして得られた出力電圧の平均値は次式で表される．

$$V_{ave} = \frac{T_{on}}{T}E + \frac{T_{off}}{T}(-E) = \frac{T_{on}}{T}E + \frac{T-T_{on}}{T}(-E) = \frac{2T_{on}-T}{T}E = kE$$

$$k = \frac{2T_{on}-T}{T} = 2d - 1 \tag{5・5}$$

ここで，T：スイッチング周期である．

T_{on} は 0 から周期 T までの間で変化するので，k は -1 から $+1$ まで変化し，結局平均出力電圧 V_{ave} は $-E$ ～ $+E$ まで変化し，正負両極性の可変直流電圧を得ることができる．

なお，図 5・7（a）の回路図でトランジスタと並列にあるダイオードは，負荷が誘導性の場合に電流が流れているトランジスタをオフしたとき，電流をバイパスさせるためのものである．これが無いとトランジスタのコレクタ・エミッタ間に高電圧が発生してトランジスタが破壊されてしまう．このダイオードは誘導性負荷に蓄積されたエネルギーを電源に戻す動作をするので，**帰還ダイオード**（feedback diode）と呼ばれている．

〔4〕 **交流可変電圧の生成**

交流電圧波形の発生方法については 11, 12 章で詳しく学ぶので，ここでは原理的なことのみを説明する．

図 5・7 で出力波形は，負荷を抵抗のみとすると同図（b）下段のような波形になる．この波形は方形波で直流分を含むが，正負の振幅を有する交流である．これを平均化すると前述した正負直流可変電圧が得られるが，Tr_1^+ と Tr_2^- および Tr_1^- と Tr_2^+ のオンオフ時間を同じにすれば波形自体は交流となる．スイッチング周期 T を比較的長く取れば 50 Hz や 60 Hz の交流にもなる．さらに正（負）電圧から負（正）電圧に変わる途中で $Tr_1^+Tr_2^+$（$Tr_1^-Tr_2^-$）を同時にオンし，$Tr_1^-Tr_2^-$

($\text{Tr}_1{}^+ \text{Tr}_2{}^+$) を同時にオフする期間を設けると，出力電圧ゼロの期間を作ることができ，**図5・8**のような擬似交流波形が得られる．これは，さらに正弦波に近い交流が得られたことになる．

出力波形をより一層正弦波に近づける方法として，PWM 方式がある．これも先の図5・7における原理の応用で，式（5・5）で T_{on} を k が正弦波状に変化するように変更していく．すなわちデューティファクタ制御の信号波 v_s を**図5・9**（a）のような正弦波（v_{sa}, v_{sb}）にすれば，その出力波形も図5・9（d）に示すような擬似正弦波になる．

図5・9（b），（c）で v_a, v_b は図5・7（a）の a 点と b 点の電圧で，図5・9（d）の出力 v_o はその差（$v_a - v_b$）である．同図の波形は，より正弦波に近い波形になっている．信号波の周波数，振幅を変えることにより，出力の周波数，振幅を自由に調整することができる．このように出力の1サイクル内で複数パルスのデューティファクタを制御する方法を **PWM**（Pulse Width Modulation）制御あるいは正

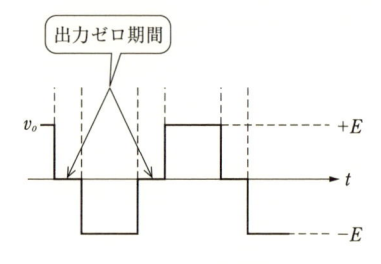

● 図5・8 擬似交流波形 ●

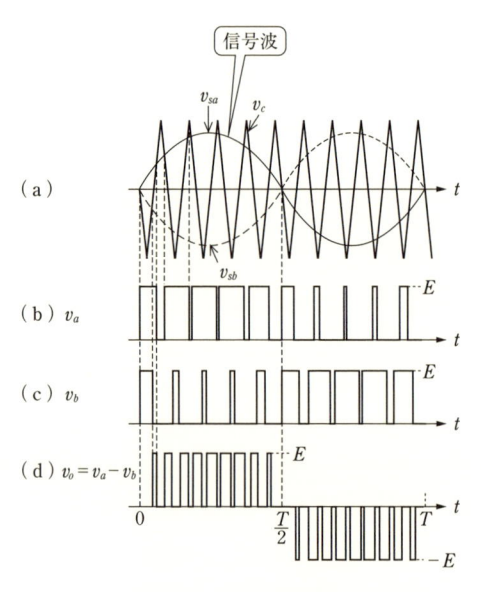

● 図5・9 PWM 制御 ●

弦波 PWM 制御と呼んでいる．

まとめ

① 大電力を取り扱うパワーエレクトロニクスでは損失を最小にするため，パワー半導体デバイスをオンオフ動作のスイッチとして利用する．
② 理想スイッチと実際の半導体スイッチではかなり違いがある．
　　スイッチング時間に関しては時間遅れがある．
　　スイッチ両端電圧に関してはオンのときにゼロボルトでなく，残留電圧がある．
③ スイッチングによる電力変換での電圧制御方法としてデューティファクタ制御を利用する．デューティファクタ制御信号は三角波と信号波を比較することにより得られる．
④ デューティファクタ制御で一方向直流可変電圧を作り出すためにはチョッパ回路が用いられる．
⑤ デューティファクタ制御で正負両方向の直流および交流の可変電圧を作り出すためには4個のスイッチングデバイスによるブリッジ回路が用いられる．
⑥ デューティファクタ制御で，より正弦波に近い出力を得る方法として PWM 方式がある．これはデューティファクタ制御の信号波に正弦波を用いることにより実現できる．

演習問題

問1 図5・1の回路で，$E=100\,\mathrm{V}$，$R_L=10\,\Omega$ とすると，負荷に取り出せる最大電力はいくらか．その場合トランジスタでの損失電力はいくらか．

問2 理想スイッチと半導体スイッチの違いを列挙せよ．

問3 図5・4で，$E=100\,\mathrm{V}$ のとき，平均出力電圧 V_{ave} を 60 V にするにはデューティファクタをいくらにすればよいか．また，スイッチング周波数が 1 kHz の場合，オン時間 T_{on} はいくらになるか．

問4 図5・7の回路で，キャリヤ周波数2kHz，電源電圧 $E=100\,\mathrm{V}$ としたとき，直流出力電圧 $-40\,\mathrm{V}$ を得るには，オン時間 T_{on} はいくらか．

問5 図5・8の擬似交流波形で1サイクルの周期を T，パルスの幅を T_{on}，パルスの高さを E とすると，この交流波形の実効値はいくらか．

6章

電力の変換と制御（2）
——スイッチングデバイスのオンオフと損失——

前章ではスイッチングによって電力変換することの原理を学んだ．ここでは，実際のパワー半導体デバイスを使って電力変換する具体的な回路構成と，その動作を学習しよう．

1 スイッチングデバイスをオンオフするための回路を考えてみよう

パワー半導体デバイスを確実にスイッチング動作させるためには，5章の1節で説明した動作点のA点（遮断点）およびB点（飽和点）で動作するように，デバイスへの入力（ベースドライブまたはゲートドライブ）を確実に行う必要がある．ここではその具体的な回路を学ぶことにする．デバイスへの入力方法は，デバイスの種類によって変わるが，主として入力が「電圧入力」か「電流入力」かによって変わる．

〔1〕 バイポーラパワートランジスタの場合 ■■■

図 6・1 にバイポーラパワートランジスタ用のベースドライブ回路の一例を示す．バイポーラパワートランジスタ T_S の入力端子はベース B で，電流入力形である．したがって，ベースドライブ回路としては，オン時には十分なベース電流を入力して T_S を完全な飽和点で動作するようにし，オフ時にはベース電流を高速にオフし，T_S のベース内電荷を高速に消滅させて遮断領域にすることが必要で

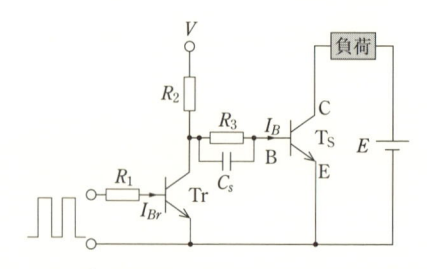

●図 6・1 バイポーラパワートランジスタのベースドライブ回路●

ある.

　大電力のバイポーラパワートランジスタ Ts を定格最大電流近くの大電流で使用する場合，電流増幅率が 10 程度とかなり低くなるため，ベースには相当大きな電流を流し込む必要がある．そのため，ベースドライブ用トランジスタ Tr によってメインのトランジスタ Ts を駆動する．Tr がオフのとき，電源電圧 V から R_2 と R_3 を通して Ts のベース電流が流される．パワートランジスタ Ts がオンのときのベース電流は (R_2+R_3) と V によって決まる．スイッチング速度を上げるために R_3 に並列コンデンサ C_s を接続する場合がある．これは**スピードアップコンデンサ**と呼ばれ，スイッチングの立上がり，立下り時の急峻な波形を実現する．さらに高速にスイッチングするためには，抵抗 R_2 をトランジスタに置き換える方法がある．

　バイポーラパワートランジスタにおける電流増幅率の低さをカバーする方法として，**図 6・2** に示す**ダーリントン**（Darlington）**接続**がある．2個の個別トランジスタをそれぞれ接続する場合と1個のトランジスタパッケージ内で接続済みの場合がある．後者をダーリントントランジスタと呼ぶ．出力段のパワートランジスタ Tr_2 のベースに，これより小容量のトランジスタ Tr_1 を直接接続した構成である．接続された2個のトランジスタを新たな1個のトランジスタと見なすことができる．トータルの電流増幅率は，それぞれの電流増幅率の積となり，大きな電流増幅率が得られる．一方，ダーリントントランジスタの欠点として，出力段のコレクタ・エミッタ間電圧 V_{CE2} がトランジスタ単体の場合より大きくなる．

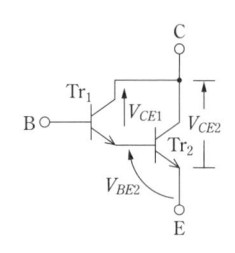

● 図 6・2　ダーリントン接続 ●

$$V_{CE2}=V_{CE1}+V_{BE2} \tag{6・1}$$

このため，後述のオン損失がかなり大きくなることを考慮しておく必要がある．

〔**2**〕　**パワー MOSFET と IGBT**

　IGBT は入力段がパワー MOSFET と同じ絶縁ゲート形のため，入力回路は同じゲートドライブ回路が利用できる．この2タイプのデバイスは電圧入力形で，ゲート端子に所定の電圧を加えれば良い．静的状態では電流を取らない．ただし，大容量のデバイスと小容量のデバイスで幾分違いが必要となる．入力端子は等価的

なコンデンサで，この入力コンデンサを高速に充電することが高速のスイッチング動作につながる．デバイスの定格容量によって，この等価コンデンサの値が変わってくる．電圧入力形といっても，この入力コンデンサを充電して所定の電圧値になるまでは入力電流を流す必要がある．入力コンデンサ充電後は電流は流さなくても良い（流れない）．

小容量のデバイスでは，5V で動作する TTL 形 IC で直接駆動できるものがある．**図 6·3**（a）はオープンコレクタ形の TTLIC でパワー MOSFET を駆動するゲートドライブ回路である．IC の出力が H レベルになると，ゲート抵抗 R_g によって MOSFET の入力コンデンサが充電され，所定の電圧に達するとパワー MOSFET はオンになる．出力が L レベルになると，ゲートの入力コンデンサに蓄積された電荷は IC 内のトランジスタにより放電され，ゲート電圧はゼロになって，パワー MOSFET はオフされる．この回路では，オン時の R_g と入力コンデンサで決まる時定数とオフ時の時定数に差があり，前者のほうが大きい．これを無くすために，同図（b）の回路が用いられる．ここでは，オン時にも抵抗ではなくトランジスタにより高速にゲートの入力コンデンサが充電されるために，図 6·3（a）より高速なスイッチングが可能となる．大電流のパワー MOSFET や IGBT には同図（b）の回路が適している．

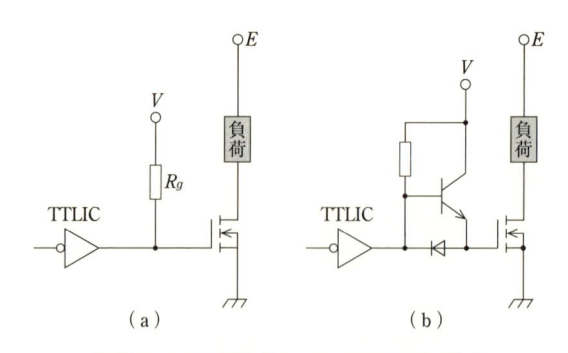

● 図 6・3 小容量パワー MOSFET 駆動回路 ●

大容量の IGBT ではゲートの入力コンデンサの値が大きくなり，より高速にこのコンデンサを充放電するために，**図 6·4** の回路が用いられる．入力コンデンサの充電放電ともに正負の別電源から，それぞれのトランジスタにより直接充放電されるため，高速なスイッチング動作が可能となる．

1 スイッチングデバイスをオンオフするための回路を考えてみよう

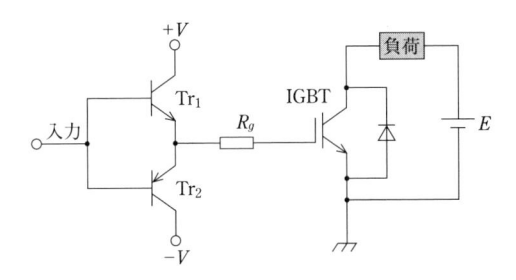

● 図 6・4　大容量 IGBT の駆動回路 ●

〔3〕 サイリスタ

　サイリスタは，ゲート入力によってオンはできるがオフはできない非自己消弧形デバイスである．オフするためには別に**転流回路**と呼ばれる消弧用の回路が必要である．ただし，サイリスタの種類の中でも GTO はゲート入力によって電流の消弧が可能である．サイリスタをオンするためには，単発のパルスを入力すればよい．

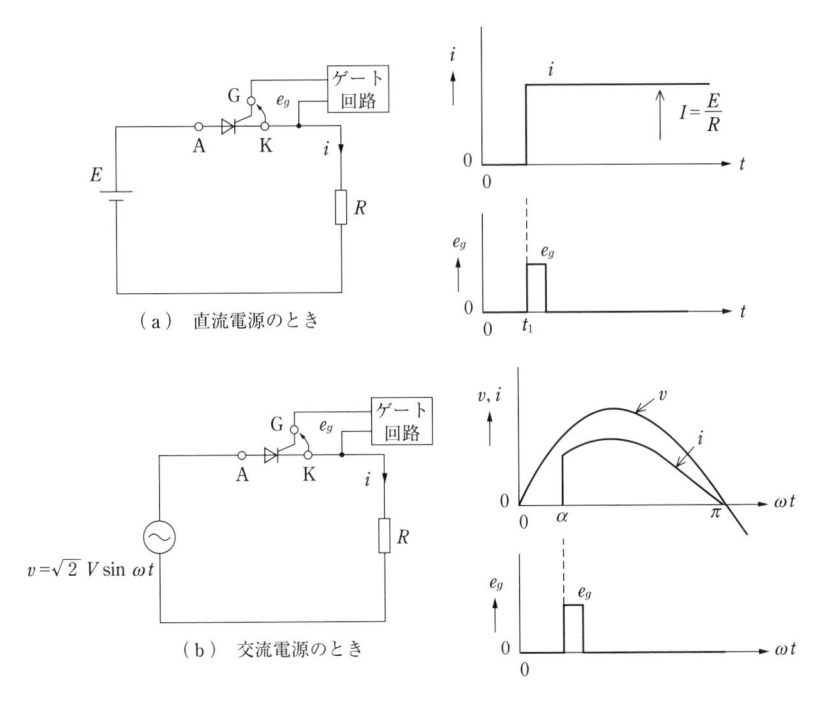

● 図 6・5　サイリスタの動作 ●

直流回路での動作は図 6·5 (a) に示すように，ゲート G とカソード K の間に数ボルトのパルス状電圧 e_g を加えるとサイリスタはオン状態となり，オン状態が持続される．サイリスタをオフするためには別の転流回路が必要である．そのため直流回路では，サイリスタはほとんど使われなくなっている．

交流回路での動作は図 6·5（b）に示すように，ゲート G とカソード K の間に数ボルトのパルス状電圧 e_g を加えるとサイリスタはオン状態となり，電源電圧に依存した電流が流れる．交流電圧は正負に変化するので，電流はいずれゼロになり，サイリスタは自然にオフ状態になる．このように交流回路ではサイリスタは電源の電圧変化により自然にオフされるために転流回路が不要なこと，オン時のゲートドライブが単発パルスで簡単なことから，サイリスタは交流から可変電圧の直流を得る位相制御用の**順変換回路**（rectifier circuit）デバイスとしてよく用いられる．これについては 7，8 章で詳しく学ぶ．

❷ スイッチングデバイスの損失を考えてみよう

実際のスイッチングデバイスは理想スイッチではないために動作中にいろいろな損失を発生する．スイッチングデバイスに発生する損失を詳しく見てみよう．

〔1〕 スイッチング損失 ■■■

抵抗負荷の場合，スイッチング動作は，理想スイッチでは図 6·6 (a) のように，スイッチ両端の電圧とスイッチ電流は瞬時に切り換わるが，図 5·5 (a) に示したような実際の回路ではデバイスの動作遅れのために図 6·6(b)のようになる．すなわち，トランジスタスイッチがオフからオンになってもスイッチ電流 i_C は，すぐに最終値 I になるのではなく，徐々に増大していく時間が必要である．また，スイッチ両端電圧 v_{CE} も，すぐにはゼロにならず，いくらかの時間を必要とする．この時間 $\varDelta T$ を**スイッチング時間**と呼ぶ．スイッチング時間の間は，その両端の電圧と電流の積（$v_{CE} \times i_C = W_{sw}$）はトランジスタの損失となる．スイッチングデバイスがパワートランジスタの場合，これはトランジスタ内での損失となってトランジスタが発熱することになる．また，スイッチがオンからオフする場合も同様に損失が発生する．これらのスイッチングに伴う損失を**スイッチング損失**と呼ぶ．

スイッチング損失は，スイッチングの電圧・電流波形から，図 6·6 (c) のような波形になる．細いパルス状の波形であるが，そのピーク値はかなり大きな値になる場合がある．デバイスの温度上昇は，この電力の積分値（面積；エネルギー）

2 スイッチングデバイスの損失を考えてみよう

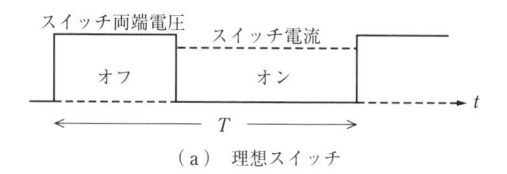

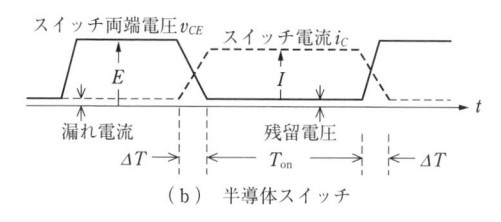

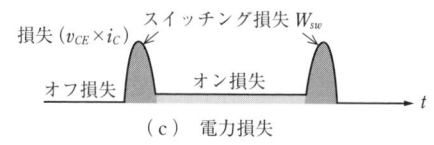

(a) 理想スイッチ

(b) 半導体スイッチ

(c) 電力損失

● 図 6・6　スイッチング動作波形 ●

に依存する．電圧と電流の変化が直線状と仮定すると（式 (6·2), (6·3)），電力は上に凸の放物線状になり，これを積分すると $(EI/6) \times \Delta T$ となる．次に式の演算を示す．

$$v_{CE} = E\left(1 - \frac{t}{\Delta T}\right) \tag{6·2}$$

$$i_C = I\left(\frac{t}{\Delta T}\right) \tag{6·3}$$

$$\begin{aligned}
J_{sw} &= \int_0^{\Delta T} W_{sw}\,dt = \int_0^{\Delta T} v_{CE}\,i_C\,dt = \int_0^{\Delta T} EI\left(1 - \frac{t}{\Delta T}\right)\frac{t}{\Delta T}\,dt \\
&= EI \int_0^{\Delta T} \left(\frac{t}{\Delta T} - \frac{t^2}{(\Delta T)^2}\right) dt = EI\left[\frac{t^2}{2\Delta T} - \frac{t^3}{3(\Delta T)^2}\right]_0^{\Delta T} \\
&= EI\left\{\frac{\Delta T}{2} - \frac{\Delta T}{3}\right\} = \frac{EI}{6}\Delta T\,[\mathrm{W \cdot s}] = \frac{EI}{6}\Delta T\,[\mathrm{J}]
\end{aligned} \tag{6·4}$$

スイッチング周波数を f （周期 T）とすると，スイッチングは 1 周期で 2 回（オンからオフとオフからオン）行われるので，1 秒当たりの平均スイッチング損失は式 (6·5) のようになる．

$$P = \frac{EI}{6}\Delta T \times 2f = \frac{EI}{6} \times \frac{2\Delta T}{T} \text{[W]} \tag{6・5}$$

スイッチング周波数 f が低い場合は（周期 T が大きい場合），この損失値は低いが，スイッチング周波数が高くなって $\Delta T/T$ が大きくなってくると，この値は無視できなくなり，トランジスタの発熱が大きくなって，大きな放熱器（冷却器）が必要となる．このようなスイッチング方法を，後述の**ソフトスイッチング**（soft switching）に対して**ハードスイッチング**（hard switching）と呼ぶ．

〔2〕 定常損失

一方，スイッチがオン状態のとき，スイッチ両端の電圧はトランジスタのような実際のデバイスではゼロにはならず，いくらかの電圧（V_{on}）が残る．これを**残留電圧**と呼ぶ．この電圧とスイッチ電流の積（$V_{on} \times I$）もスイッチングデバイス内での損失となる．これを**オン損失**または**導通損失**と呼ぶ．1周期当たりの平均オン損失は（$V_{on} I_{on} T_{on}/T$）〔W〕となる．残留電圧が大きいデバイスでは，この値は無視できないものになる．特に，前記ダーリントン接続のトランジスタでは残留電圧が大きいので**オン損失**も大きくなる．

同様にオフ時にもスイッチ間に漏れ電流があるとオフ損失が発生するが，スイッチングを完全に行うと漏れ電流は数 μA 以下であるのでオフ損失は無視できる程度である．オン損失とオフ損失を合わせて**定常損失**と呼ぶ．

〔3〕 ソフトスイッチング

前述のハードスイッチングで発生するスイッチング損失を抑制するには，スイッチング時の電圧と電流の重なりを無くせば良い．例えば，オン時には電流の立ち上がりを遅らせてスイッチ両端の電圧がゼロになってから電流が立ち上がるような回路を工夫できればスイッチング損失を低減できる．このような方法を**ソフトスイッチング**と呼ぶ．

図 6・7 (a)，(b) はソフトスイッチング時の動作波形を示すものである．同図 (a) はスイッチングデバイスがオフ時の動作で，電流 i_C が完全にゼロになってから電圧 v_{CE} が立ち上がるようにしたもので，オフ時のスイッチング損失 W_{sw} を極めて小さくできる．この方法は電圧がほぼゼロの間にスイッチングを行うので，**ゼロ電圧スイッチング**（ZVS：Zero Voltage Switching）と呼ばれている．これを実現する方法として同図 (c) に示すように，スイッチングトランジスタのコレクタ・エミッタ間にコンデンサ（実際には後述のダイオード付き CR 回路）を並列

(a) ゼロ電圧スイッチング（ZVS）

(b) ゼロ電流スイッチング（ZCS）

(c) 回路構成

● 図 6・7　ソフトスイッチング ●

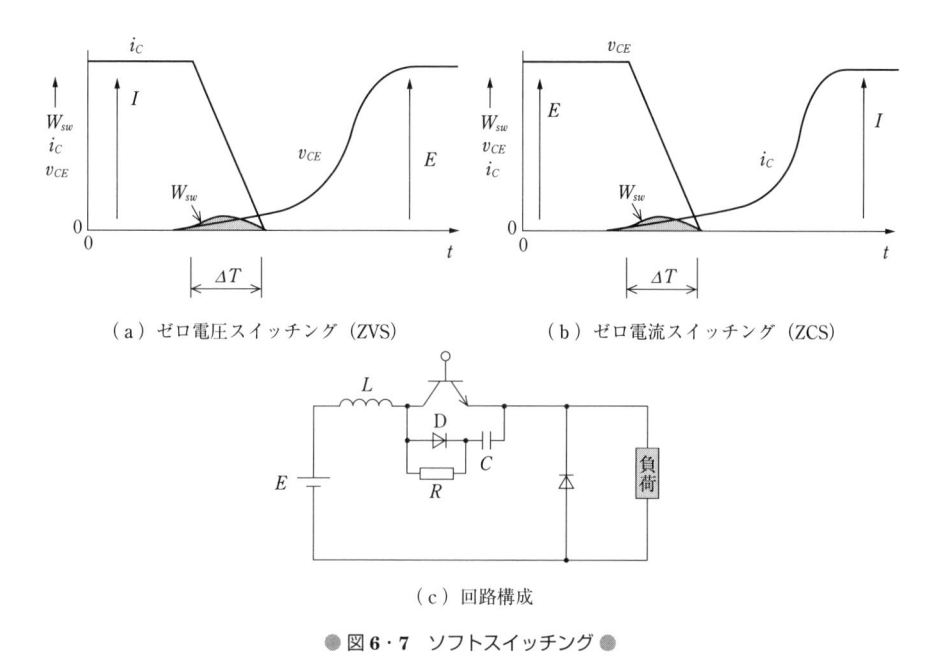

接続することによって，電圧の上昇を遅らせる方法がある．

　一方，図 6・7 (b) はスイッチングデバイスがオン時の動作で，電圧 v_{CE} が完全にゼロになってから電流 i_C が立ち上がるようにしたもので，オン時のスイッチング損失を大幅に低減できる．この方法を**ゼロ電流スイッチング**（ZCS：Zero Current Switching）と呼び，同図 (c) のようにスイッチングデバイスに直列に小さなインダクタンス L を挿入する方法がある．

　ソフトスイッチングは次節のスナバ回路や特に 9 章の共振形回路とも深く関連し，電源や周辺にノイズや衝撃を与えない方法として使用されている．

③ デバイスを守るための工夫を見てみよう

　パワーエレクトロニクスでは高電圧，大電流，大電力を扱うため，パワー半導体デバイスを使用して電力変換を行う際に，注意深くデバイスを使用しないとデバイスを破壊してしまう．特に，半導体電力変換回路を設計する際，パワー半導体デバイスが理想スイッチではないことに注意する必要がある．ここでは電力変換におけるデバイスの破壊を防ぐ方法について学習する．

〔1〕 デッドタイム ■■■

図 5·7 (a) に示した正負電圧発生回路（ブリッジ回路）では，上下一対のトランジスタで構成されたアームと呼ばれる回路がある．この回路では，電圧の切り換えは Tr_1^+，Tr_2^- をオフした後に，Tr_1^- と Tr_2^+ をオンにすると出力電圧 v_0 は $+E$ から $-E$ になる．このとき，実際のトランジスタでは例えば上側トランジスタの Tr_1^+ のベースドライブをオフにしてもすぐには Tr_1^+ はオフにならないで，少しの間半導通状態が続く．この状態で下側トランジスタ Tr_1^- をオンにすると，Tr_1^+ と Tr_1^- が同時にオンしてしまう．これは上下二つのトランジスタで電源 E を短絡することになり，大電流が流れて Tr_1^+ と Tr_1^- を破壊してしまう．この原因はトランジスタが理想スイッチではなく，オフ時の動作に時間遅れがあるためである．

このような短絡状態を防ぐためには，**図 6·8** に示すように，同一アームの上側トランジスタ Tr_1^+ のオフ後，すぐに下側トランジスタ Tr_1^- をオンしないで，幾分遅れてから Tr_1^- をオンするようにベースドライブ信号を作る．遅れ時間はトランジスタの動作遅れ時間（ターンオフタイム）以上に余裕を持って設定する．この遅れ時間 DT を**デッドタイム**（dead time）という．一般的に，トランジスタオンのタイミングを，このデッドタイムだけ遅らせてトランジスタをオンオフすることにより，上記のような電源短絡を回避することができる．

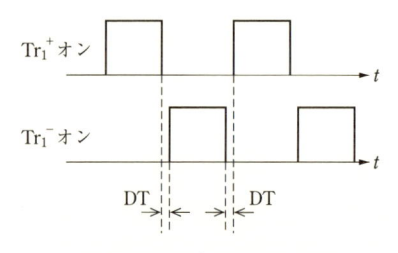

● 図 6·8　デッドタイム ●

デッドタイムの大きさは使用する半導体デバイスの動作遅れ時間によるが，バイポーラパワートランジスタで 5 〜 20 μs，パワー MOSFET や IGBT で 0.5 〜 3 μs 程度である．デッドタイムは電源短絡防止には必須だが，出力電圧の低下を招くので，できるだけスイッチングの速いデバイスを利用することにより，デッドタイムを安全で最小限の値にすることが必要である．

〔2〕 **安全動作領域**

スイッチングデバイスがオンまたはオフ状態で，定常状態の場合は損失も少なく良好に動作する．しかし，オンからオフまたはオフからオンへ状態が変化するときはデバイスに高い電圧が発生したり大きな電流が流れたりしてデバイスを破壊する場合がある．

図 6・9（a）は先に図 5・5 で説明した実際のスイッチング回路である．今，トランジスタがオンになっていて負荷電流 i_L がトランジスタを通って流れているとする．ここで，ベース電流をゼロにしてトランジスタをオフする場合を考えてみる．このときの v_{CE} と i_C が時間的に変化する軌跡を図 6・9（b）に示す．同図の一番外側の実線は**安全動作領域**（SOA：Safe Operating Area）を示すもので，v_{CE} と i_C の動作点がこの中にあれば，このトランジスタは破壊されること無く動作するが，この外側に出るとトランジスタの破壊を招く．

トランジスタはオン状態のとき，v_{CE} と i_C の動作点が a であるとする．この状態でベース電流をゼロにすると負荷がインダクタンス分を含むので電流は直ちには減少しないため軌跡 X を通らずに軌跡 Y を通る．このとき，動作点が SOA の外側を通って電力損失が大きくなり，さらにそれがトランジスタ内の局部に集中するためデバイスの破壊につながる．

スイッチング動作では，オンとオフの定常状態では SOA の中，特に電流や電圧が小さい飽和領域や遮断領域で動作するが，スイッチングの過渡時には SOA の外

（a）スイッチング回路　　（b）スイッチング時の v_{CE} と i_C の軌跡

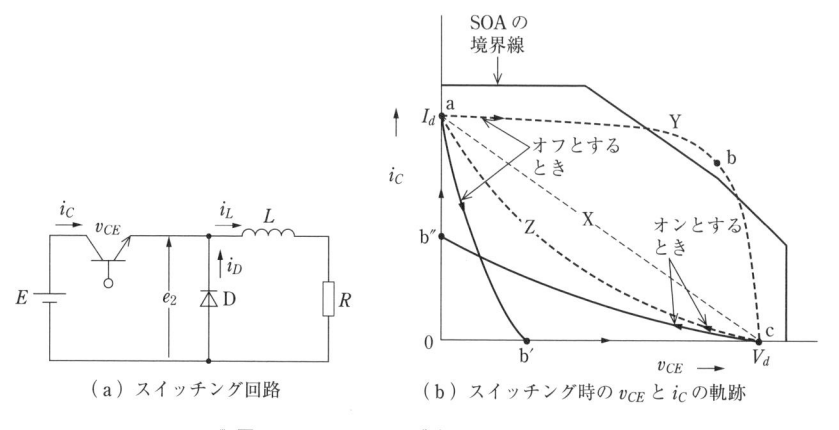

● 図 6・9　スイッチング時の v_{CE} と i_C の軌跡 ●

に出る場合がある．これを防ぐためには動作軌跡がSOAの外側を通らないようにv_{CE}またはi_Cの動作を調整することが必要である．直接的には電源電圧や負荷電流を下げれば良いが，スイッチング回路の改良で対策ができる．このような目的でデバイスの周辺に付加する回路を**スナバ回路**と呼ぶ．

〔3〕 スナバ回路 ■■■

スナバ回路（snubber circuit）はスイッチング時にデバイス両端の過電圧や急激な電圧と電流の上昇を抑制する効果を持つもので，デバイス自体の保護や周辺回路へのノイズ等の影響を防ぐ重要な回路である．スナバ回路の動作はデバイスのオン時とオフ時で分けて考えると理解しやすい．

（a） ターンオフ時

図 6・9 (a) の回路で，トランジスタがオフする場合の動作軌跡は同図 (b) において，点 a → b → c と移行する．このとき，v_{CE}の上昇を遅らせるためにトランジスタのコレクタ・エミッタ間にコンデンサを並列接続する．そうすると動作軌跡は点 a → b′ → c のようになり，SOAの中で$v_{CE} \times i_C$の値が小さい経路を通り，スイッチング損失も低減することができる．

実際の回路では，コンデンサのみだとデバイスがオンしたときオフ時にコンデンサ両端に蓄えられていた電荷がデバイスを通して放電され大電流が流れるために，これを抑制するための低抵抗を直列に接続する．**図 6・10** (a) に示すのがCRスナバと呼ばれるもので，簡便ながら実効的なため，よく利用される．CRスナバではトランジスタ Tr のオフ時に直列抵抗 R が悪影響を及ぼすので，このとき抵抗をバイパスするダイオードを付加したものが同図 (b) のダイオード付き CR スナバである．

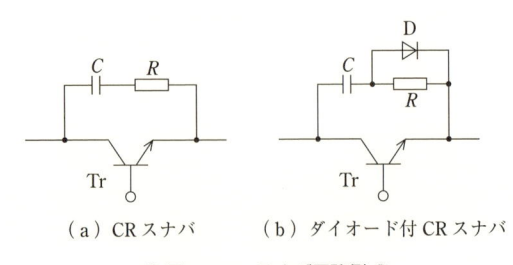

(a) CRスナバ　　(b) ダイオード付CRスナバ

● 図 6・10　スナバ回路例 ●

(b) ターンオン時

　ターンオン時にはトランジスタに直列に微小インダクタンスを挿入して，電流の立ち上がりを遅らせることにより，スイッチング損失を低減して SOA の内側，原点近くを通るような軌跡にすることができる．この場合，図 6·9（b）の軌跡では，c → b″ → a のような軌跡となる．

　一般的なスナバ回路としては，図 6·10（a）の CR スナバが良く利用される．オン時の電流の立ち上がりは回路負荷のインダクタンスで抑制されることが多いため，オフの v_{CE} の立ち上がりと過電圧抑制が主体となる．オフ時には負荷電流を急速遮断するために大きな逆起電圧が発生する．CR スナバは，このサージ電圧抑制やスイッチング損失の抑制にも効果がある．このように，スナバ回路はパワー半導体デバイスの安全な動作やサージ電圧抑制，さらには，本章の 2 節で学んだスイッチング損失の低減にも広く関係する重要な働きを有している．

〔4〕 放熱器

　スイッチングによる電力変換ではパワー半導体デバイスをスイッチング動作で使用することにより，デバイス内での損失を極力少なくしてデバイス自体の発熱も防いでいる．しかし，前述したように，スイッチング動作といえども，デバイス内での損失があり発熱する．そのため，パワー半導体デバイスでは，発生する熱を放散するために放熱器が必要である．

　半導体デバイス用放熱器は **図 6·11** のような放熱フィンと呼ばれる熱伝導の良い金属（通常アルミ）の放熱器が良く利用される．種々の形状，大きさのものがあり，これに半導体デバイスを取り付けて自然空冷で冷却する．必要な場合は，

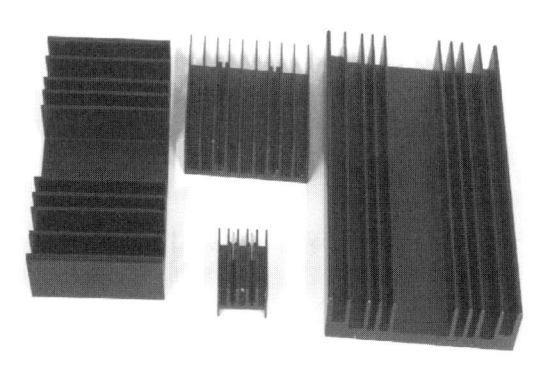

● 図 6·11　放熱フィン ●

さらに強制空冷用のファンで冷却する．特別に大電力や小形化等を行う場合には冷媒を用いた液冷方式にする場合もある．

装置の出力は冷却装置の能力で決まるところがあり，必要かつ十分な冷却能力を備えていることが必要である．さもないと，半導体デバイスの能力が十分生かされなかったり，デバイスの破壊を招くことになる．

PAM方式による電力変換

5章で述べたPWM方式の他にPAM（Pulse Amplitude Modulation，パルス振幅変調）方式がある．**図6・12**（a）はPAM方式インバータの出力波形図で，パルスの振幅を変化させて出力波形を作り出している．PAM方式はPWM方式より細かい波形の出力が可能であるが，同図（b）の回路図に示すようにインバータの直流電圧を制御するチョッパ部が必要で，装置構成が大掛かりになる．

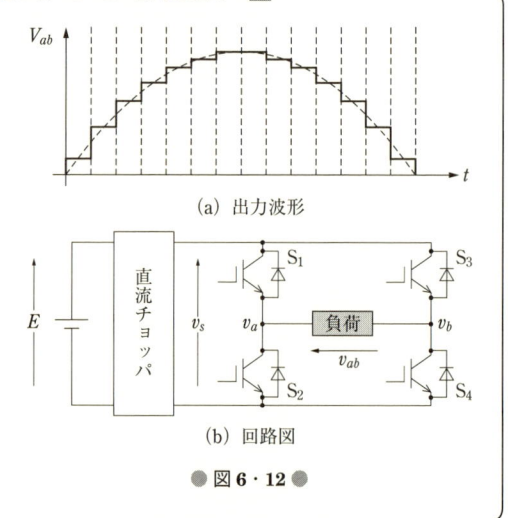

(a) 出力波形

(b) 回路図

● 図6・12 ●

まとめ

① スイッチングデバイスを完全に動作させるには，デバイスの入力に対する駆動方法（ベースドライブ，ゲートドライブ）が重要である．
② 駆動方法（ベースドライブ，ゲートドライブ）は電圧入力形デバイスと電流入力形デバイスで考え方が異なる．
③ バイポーラトランジスタは電流入力形のデバイスで，オン時には十分なベース電流を流し込み，オフ時にはベース領域の電荷を素早く除去することが重要である．
④ パワー MOSFET と IGBT は電圧入力形のデバイスである．電圧入力形は入力端のコンデンサを急速に充放電できる回路構成が必要である．
⑤ スイッチングデバイスの損失には定常損失とスイッチング損失がある．
⑥ 定常損失は，主としてオン時の残留電圧による損失である．
⑦ スイッチング損失は，半導体デバイスが理想スイッチではなく，オン時とオフ時の動作遅れ時間によるものである．
⑧ スイッチング損失を低減するための一方法としてソフトスイッチングがある．
⑨ スイッチングデバイスの保護やノイズ防止のためスナバ回路が有効である．

演習問題

問1 図 6·6 において，$E=200\,\mathrm{V}$，$I=100\,\mathrm{A}$，スイッチング時間 $\Delta T = 2\,\mu\mathrm{s}$ とし，スイッチング周波数 $f=20\,\mathrm{kHz}$ すると，平均スイッチング損失 P 〔W〕はいくらか．

問2 図 6·6 において，$E=200\,\mathrm{V}$，$I=100\,\mathrm{A}$，スイッチング時間 $\Delta T = 2\,\mu\mathrm{s}$，スイッチング周波数 $f=20\,\mathrm{kHz}$ の場合，オンとオフの時間が等しいとすると，オン損失はいくらか．ただし，$V_\mathrm{on}=1.5\,\mathrm{V}$ とする．

また，同条件で，前段トランジスタの $V_{BE}=1.5\,\mathrm{V}$，$V_{CE}=1.0\,\mathrm{V}$，後段トランジスタの $V_{BE}=1.5\,\mathrm{V}$，$V_{CE}=1.5\,\mathrm{V}$ のダーリントントランジスタを使用した場合のオン損失はいくらになるか．

問3 問2と同様の条件において，トランジスタのオフ時に素子を漏洩する電流が $10\,\mu\mathrm{A}$ の場合，オフ損失〔W〕はいくらになるか．

この結果と問2の結果から，オフ損失は考慮しなくても良いことを示せ．

問4 スナバ回路はいくつかの役割を有している．それらを列挙せよ．

*7*章

サイリスタコンバータの原理と特性（1）
——単相整流回路——

　ダイオード，逆阻止3端子サイリスタ（以下ではサイリスタと呼ぶ）などの自己消弧機能を持たないパワー半導体デバイスで構成される電力変換器には，整流回路，交流電力調整回路，サイクロコンバータなどがある．このうち，サイリスタを用いた電力変換器をここではサイリスタコンバータと呼んでいる．各パワー半導体デバイスは電力変換器の外部に接続される商用の交流電源電圧によって逆バイアスされ，その電流が0になる位相でオフする．この章では整流回路における直流インダクタンスの作用，いろいろな単相整流回路の動作とその基礎特性を学ぶ．

1 単相半波ダイオード整流回路の動作特性を理解しよう

　3章で学んだように，ダイオードは順方向の電圧（順電圧）を加えるとオンし，順方向にわずかな電圧降下を生じる（0.8～1.5V）．また，逆方向の電圧（逆電圧）を加えると，逆漏れ電流が流れるが，この値は非常に小さいので，スイッチオフの状態になる．以下では，ダイオードを理想的なパワー半導体デバイスと考えて，オフからオンまたはオンからオフへの切換えは瞬時に行われるものとする．また，そのインピーダンスはオンのときは0，オフのときは∞として扱う．

　単相交流電源（電圧 v_s）と負荷抵抗 R との間にダイオードDを接続した図7・1(a)の回路を考えてみよう．この図において，電源電圧 v_s の正方向は同図(a)の矢印方向で，$v_s = \sqrt{2}V\sin\theta$ とする．電源角周波数を ω，時刻を t とすると $\theta = \omega t$ である．R の両端には v_s の正の半波部分に相当する電圧 e_d が現れる．このとき流れる電流 i_d は $i_d = e_d/R$ で，e_d と相似な波形になる．これらの波形を同図(b)に示す．e_d と i_d は脈動した直流になる．このように交流電力を直流電力に変換することを**順変換**または**整流**（rectification）といい，整流を行う変換器（ここではダイオードD）を**順変換器**または**整流器**（rectifier）と呼んでいる．また，交流電源，整流器，直流負荷などから構成される回路を，ここでは整流回路と呼ぶ．

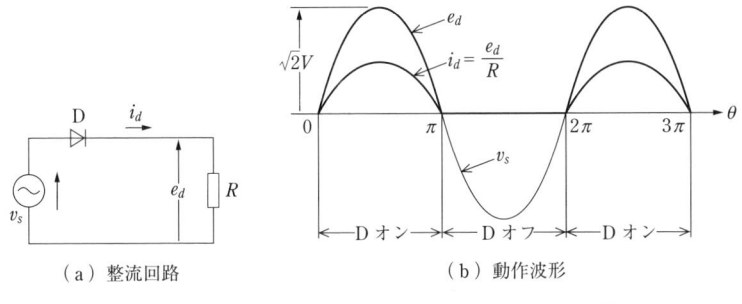

● 図 7・1　単相半波ダイオード整流回路と動作波形（R 負荷）●

（a）整流回路　　　（b）動作波形

図 7・1（a）の**単相半波ダイオード整流回路**において，交流電源が供給する電力と R が消費する電力との間の関係について考えてみよう．同図（b）の波形から，交流電源が供給する瞬時電力 $v_s i_d$ は R で消費する瞬時電力 $e_d i_d = R i_d^2$ に等しいことがわかる．その平均値は，（電源が供給する有効電力）＝（R で消費する電力）＝ P で，式（7・1）のように求まる．

$$P = \frac{1}{2\pi}\int_0^{2\pi} e_d i_d d\theta = \frac{1}{2\pi R}\int_0^{2\pi} e_d^2 d\theta = \frac{R}{2\pi}\int_0^{2\pi} i_d^2 d\theta = \frac{E_e^2}{R} = R I_e^2$$

$$= \frac{1}{2\pi R}\int_0^{\pi}(\sqrt{2}\,V\sin\theta)^2 d\theta = \frac{V^2}{2R} \tag{7・1}$$

ここで，E_e は e_d の，I_e は i_d の実効値を示していて，式（7・1）の関係から $E_e = V/\sqrt{2}$，$I_e = V/(\sqrt{2}\,R)$ となる．

次に，e_d の平均値 E_d を求めると式（7・2）になる．

$$E_d = \frac{1}{2\pi}\int_0^{\pi}\sqrt{2}\,V\sin\theta\,d\theta = \frac{\sqrt{2}\,V}{\pi} \cong 0.45\,V \tag{7・2}$$

したがって，i_d の平均値は $I_d = \sqrt{2}\,V/(\pi R)$，$E_d I_d = 2V^2/(\pi^2 R) < P$ となる．これは e_d と i_d との両者が脈動しているためで，E_d と I_d の積が R で消費する電力と等しくない点に注意しよう．

2　インダクタンスはどのように作用するのだろう

〔1〕 単相半波ダイオード整流回路

図 7・2（a）の整流回路におけるインダクタンス L の作用を考えてみよう．L が負荷抵抗 R に直列接続されているため，図 7・1（a）の回路に比べて，直流電流 i_d

(a) 整流回路

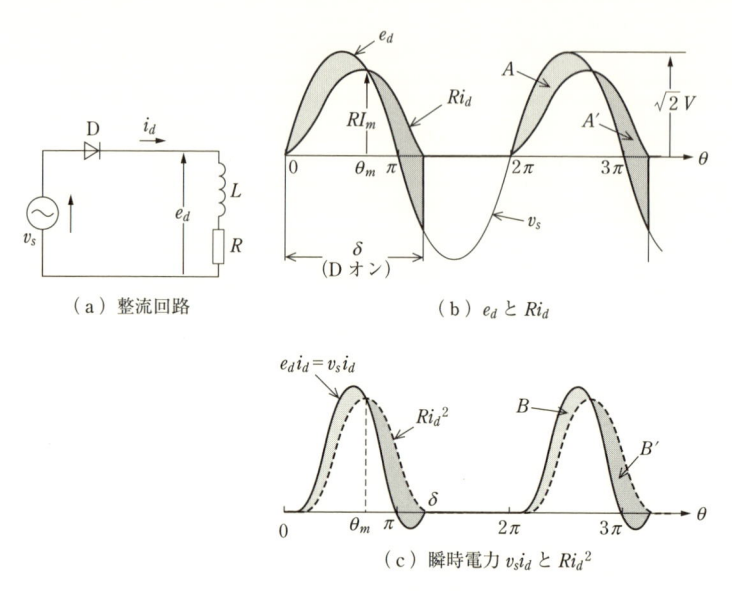

(b) e_d と Ri_d

(c) 瞬時電力 $v_s i_d$ と Ri_d^2

● 図 7・2　単相半波ダイオード整流回路と動作波形（R, L 負荷）●

はゆっくり上昇する．このときの，直流電圧 e_d と R に加わる電圧 Ri_d の波形を図 7・2 (b) に示す．L に加わる電圧を e_L とすると，ダイオード D がオンしている期間においては式 (7・3) が成り立つ．

$$e_L = L \frac{di_d}{dt} = \omega L \frac{di_d}{d\omega t} = \omega L \frac{di_d}{d\theta} = v_s - Ri_d \tag{7・3}$$

$\theta = 0$ で i_d が流れ始め，$v_s = Ri_d$ となる $\theta = \theta_m$ で $e_L = 0$ となる．このとき，$di_d/d\theta = 0$ であるため，i_d は極大値 I_m に達する．$0 < \theta \leq \theta_m$ の期間では $e_L \geq 0$ であるが，$\theta = \theta_m$ 以後は $Ri_d > v_s$ となるため $e_L < 0$ となり，i_d は減少していく．$\theta = \pi$ で $i_d = 0$ にはならず，電流は流れつづけていて，L にはまだエネルギーが蓄えられている．このため，$v_s < 0$ の状態においても，L に発生する起電力によってダイオード D は順バイアスされ，$\theta = \delta$ で $i_d = 0$ となるまでオンする．δ を**消弧角**（extinction angle）という．

i_d の波形は，$\phi = \tan^{-1} \omega L/R$ とおき，式 (7・3) を $\theta = 0$ で $i_d = 0$ の初期条件で解いた式 (7・4) から定まる．

$$i_d = \frac{\sqrt{2}\,V}{\sqrt{R^2+(\omega L)^2}}\left[\sin(\theta-\phi)+\sin\phi\,\varepsilon^{-\frac{R}{\omega L}\theta}\right]$$

$$= \frac{\sqrt{2}\,V}{R}\cos\phi\,[\sin(\theta-\phi)+\sin\phi\,\varepsilon^{-\theta\cot\phi}] \tag{7・4}$$

また，δ の値は式（7・4）において，$\theta=\delta$ で $i_d=0$ とおいて得られる式（7・5）から数値計算により求められる．

$$\varepsilon^{\delta\cot\varphi}\sin(\delta-\phi) = -\sin\phi \tag{7・5}$$

次に e_L の平均値を考えるため，図7・2 (b) における $e_L>0$ の部分の面積 A と $e_L<0$ の部分の面積 A' との差を計算してみよう．

$$(\text{面積 }A)-(\text{面積 }A') = \int_0^{\theta_m}\left(\frac{\omega L di_d}{d\theta}\right)d\theta + \int_{\theta_m}^{\delta}\left(\frac{\omega L di_d}{d\theta}\right)d\theta$$

$$= \omega L\left[\int_0^{I_m}di_d+\int_{I_m}^0 di_d\right] = 0 \tag{7・6}$$

正弦波交流電源にインダクタンス L を接続する場合，L に加わる平均電圧は0になる．図7・2 (a) の L には断続した直流電流 i_d が流れるが，式（7・6）はこの場合でも，インダクタンス L に加わる電圧の平均値が0になることを意味している．

図7・2 (c) は，交流電源が供給する瞬時電力 $v_s i_d$（$=e_d i_d$）と R で消費する瞬時電力 Ri_d^2 の波形を描いたものである．L は $0<\theta<\theta_m$ の期間に電源からエネルギーを吸収し，$\theta_m<\theta\leq\pi$ の期間においてその一部を R に放出する．また，$\pi<\theta<\delta$ の期間では，その一部を R に放出し，残りが交流電源へもどる．L が電源から吸収したエネルギー（面積B）は，放出したエネルギー（面積B′）に等しい．

L が大きくなるほど直流電流 i_d が立ち上がる勾配が小さくなるので，i_d の極大値 I_m は減少し，δ は増加する．$L\to\infty$ において，$i_d\to 0$，$\theta_m\to\pi$，$\delta\to 2\pi$ となる．したがって，図7・2 (a) の回路においては，i_d が連続的に流れることはない．

〔2〕 環流ダイオードを接続したときの作用

図7・3 (a) のようにダイオード D_2 を付加した整流回路を考えてみよう．スイッチ S をオンすると，電源電圧 v_s の正の半波では，ダイオード D_1 に順電圧，ダイオード D_2 に逆電圧が加わるので，D_1 はオン，D_2 はオフになる．この動作状態は図7・2 (a) の回路とまったく同じで，（電源電流 i_s）＝（直流電流 i_d）となる．電源電圧 v_s の負の半波では，逆に D_1 に逆電圧，D_2 に順電圧が加わる．このため，$\theta=$

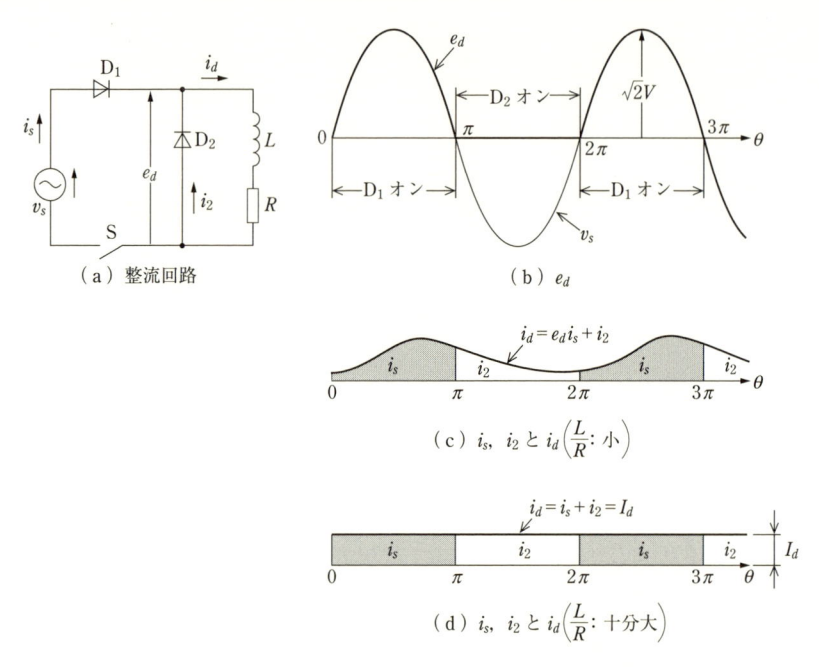

7章　サイリスタコンバータの原理と特性（1）

（a）整流回路

（b）e_d

（c）i_s, i_2 と i_d $\left(\dfrac{L}{R}: 小\right)$

（d）i_s, i_2 と i_d $\left(\dfrac{L}{R}: 十分大\right)$

● 図7・3　環流ダイオード付き単相半波ダイオード整流回路と動作波形 ●

π の位相で直流電流 i_d は D_1 から D_2 へ流れが変わり，D_1 はオフ，D_2 はオンとなる．このように D_1 を含む枝路から D_2 の枝路へ電流が切り換わることを**転流**（commutation）という．図7・3（a）の回路では転流は瞬時に行われる．転流後は，i_d は L, R, D_2 を経て環流して流れ，L のエネルギーが R に供給される．D_2 を**環流ダイオード**（free wheeling diode）と呼んでいる．直流電圧 e_d の波形は，$v_s < 0$ の期間に D_2 がオンするので，図7・1（b）の e_d の波形とまったく同じになり，その平均値 E_d は式（7・2）に等しい．

図7・3（b）〜（d）に定常状態［スイッチ S をオンしてから十分時間がたち，$\theta = 2m\pi$ （$m = 0, 1, 2, 3, \cdots$）における i_d の値が等しい状態］における e_d, i_d, 電源電流 i_s, D_2 の電流 i_2 などの波形を示す．D_2 がオンしている環流モードにおいては，i_d は L/R の時定数で減衰する波形になる．L を大きくしていくと，$\theta = 2m\pi$ における i_d の値は増加していき，i_d の脈動分は減少していく．理論的には $L \to \infty$ で純直流になる．図7・3（a）の回路においては L は i_d を滑らかにする作用をすることがわかる．L を**平滑リアクトル**という．L/R が電源電圧 v_s の1周期 T（=

$2\pi/\omega$) に比べて十分大きい場合の整流回路の特性は，$L \to \infty$ として計算した場合の特性と大きな差はない．そこで，この場合には簡単のため，整流回路の特性を $L \to \infty$ の場合の特性で近似して考える場合が多い．図7·3（d）はこの場合の電流波形を示している．

ここで，e_d の平均値と i_d の平均値との間の関係について考えてみよう．図7·3（a）の整流回路において式（7·7）が成り立つ．

$$e_d = Ri_d + \omega L \frac{di_d}{d\theta} \tag{7·7}$$

式（7·7）の両辺を電源の1周期にわたって積分し，e_d の平均値 E_d を求めると

$$E_d = \frac{1}{2\pi}\int_0^{2\pi} e_d d\theta = R\frac{1}{2\pi}\int_0^{2\pi} i_d d\theta + \frac{\omega L}{2\pi}\int_0^{2\pi}\left(\frac{di_d}{d\theta}\right)d\theta \tag{7·8}$$

定常状態においては，$\theta = 2m\pi$ における i_d の値は等しいので，式（7·8）の右辺第2項は0になる．これは直流電流 i_d が連続する場合においても定常状態においては L に加わる電圧の平均値が0になることを意味している．したがって，式（7·8）から次式の関係が成り立つ．

$$(e_d \text{ の平均値 } E_d) = R \times (i_d \text{ の平均値 } I_d) \tag{7·9}$$

i_d が連続して流れている場合には I_d は L の大きさとは無関係に定まり，$I_d = \sqrt{2}V/(\pi R)$ となる．また，L/R が十分大きい場合は $i_d \cong I_d$ となる．

次に電源が供給する有効電力を求めてみよう．この場合，電源電圧 v_s は純正弦波であるが，電源電流 i_s は直流成分を含むひずみ波になっている．L/R が十分大きく，i_d を純直流で近似できるとして i_s の波形をフーリエ級数に展開すると次式になる．

$$i_s = \frac{I_d}{2} + \frac{2I_d}{\pi}\sin\theta + \frac{2I_d}{\pi}\left[\frac{1}{3}\sin 3\theta + \frac{1}{5}\sin 5\theta + \cdots\right] \tag{7·10}$$

式（7·10）の第1項は直流成分，第2項は基本波成分，第3項は高調波成分を表している．i_s の基本波成分は電源電圧 v_s と同位相になる．式（7·10）を用いて，有効電力 $P = (i_s v_s \text{ の平均値})$ を求めると次のことがわかる．

① ［$v_s \times (i_s$ の直流成分)］の平均値は0になるので，i_s の直流成分は有効電力に寄与しない．半波整流回路では交流側に直流成分の電流が流れ，直流偏磁（2章参照）を生じるので，大容量の整流装置には不向きである．

② ［$v_s \times (i_s$ の高調波成分)］の平均値は0になる．

③ ［$v_s \times (i_s$ の基本波成分)］の平均値は式（7・11）の関係になっている．

$$V \times (i_s \text{ の基本波実効値 } \sqrt{2}\,I_d/\pi) = E_d I_d = R I_d^2 \qquad (7\cdot 11)$$

つまり，電源が供給する有効電力は i_s の基本波成分のみによって決まり，その値は R で消費する電力に等しい．図 7・3（a）の整流回路では，直流電流 I_d が増加すると，i_s の基本波成分も増加し，電源が供給する有効電力は大きくなる．

③ いろいろな単相ブリッジ整流回路のしくみ

〔1〕 単相ダイオードブリッジ整流回路 ■■■

図 7・4（a）に単相ダイオードブリッジ整流回路を示す．この回路においては，電源電圧 v_s の正の半波の期間にダイオード D_1，D_2' に順電圧（ダイオード D_2，D_1' に逆電圧）が，電源電圧 v_s の負の半波の期間にダイオード D_2，D_1' に順電圧（ダイオード D_1，D_2' に逆電圧）が加わり，オンする（オフする）．このため，直流電圧 e_d は図 7・4（b）に示すような波形になる．図 7・3 の場合と同様に，平滑リアクトル L の値が大きくなるほど直流電流 i_d の脈動は小さくなる．平滑リアクトル L を設けるこの方式をチョークインプット形（choke input）とも呼ぶ．この回路の直流電圧 e_d の平均値は式（7・2）の2倍で，$E_d = 2\sqrt{2}\,V/\pi \cong 0.90 V$ となる．また，電源電流 i_s に含まれる直流成分は 0 になり，L/R が十分大きい場合の i_s の波形は図 7・4（b）のような方形波になる．

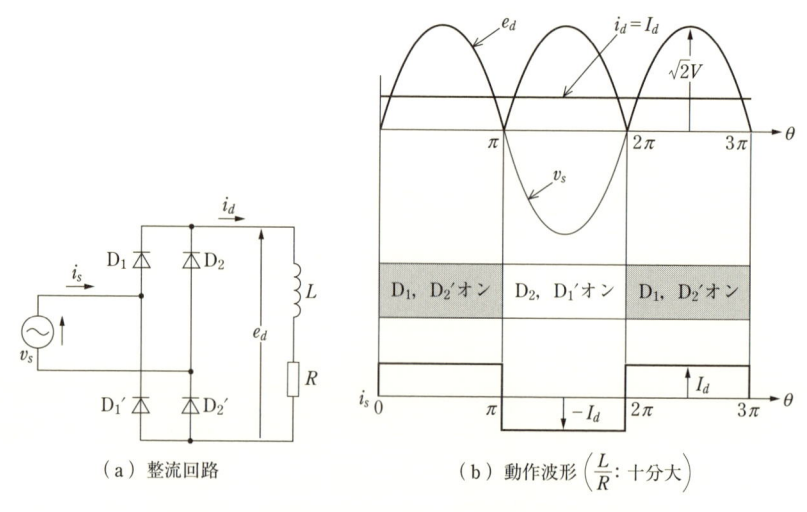

● 図 7・4 単相ダイオードブリッジ整流回路と動作波形 ●

〔2〕 単相サイリスタブリッジ整流回路

図7・4(a)のダイオードをすべてサイリスタに変えた**図7・5**の**単相サイリスタブリッジ整流回路**について考えてみよう．サイリスタを用いた整流回路では，それがオンする位相を任意に制御できるので，直流電圧の制御が可能になる．以下ではサイリスタは理想的なスイッチングデバイスであるとして回路動作を考えていこう．

電源電圧 v_s が負から正になるときの $v_s=0$ の位相から α〔rad〕遅れてサイリスタ T_1, T_2' を，また電源電圧 v_s が正から負になるときの $v_s=0$ の位相から α〔rad〕遅れてサイリスタ T_2, T_1' をオンする信号を入力する．この α を**制御遅れ角**（angle of retard）という．$\alpha=0$ のときの動作は図7・4の場合とまったく同じである．

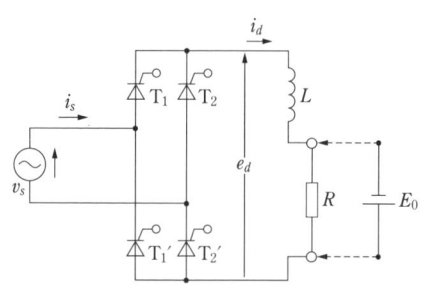

● 図7・5 単相サイリスタブリッジ整流回路 ●

図7・5の整流回路では，α，$\phi=\tan^{-1}\omega L/R$ などの値によって，直流電流 i_d が連続する場合と断続する場合とが生じる．**図7・6**(a)〜(d)に各場合の動作波形を示す．まず，直流電流 i_d が断続する境界を考えてみよう．T_1, T_2' がオンしている状態では，次の微分方程式が成り立つ．

$$\omega L \frac{di_d}{d\theta} + Ri_d = v_s \tag{7・12}$$

i_d が断続する場合を考え，$\theta=\alpha$ で $i_d=0$ の初期条件で式 (7・12) を解くと式 (7・13) が得られる（式の変形は式 (7・4) と同様）．

$$i_d = \frac{\sqrt{2}V}{R}\cos\phi[\sin(\theta-\phi) - \sin(\alpha-\phi)\varepsilon^{-(\theta-\alpha)\cot\phi}] \tag{7・13}$$

式 (7・13) の [ ] 内第1項は定常解，第2項は過渡解である．$\alpha=\phi$ の位相で，T_1, T_2' (T_2, T_1') に信号を加えれば過渡解は0になることがわかる．このときの i_d の定常解は，電源電圧 v_s より位相が ϕ だけ遅れる．したがって，このときの i_d の波形は図7・6(b)に示すような純正弦波を整流した波形になる．このため，$\alpha>\phi$ の条件では i_d は断続し，$\phi>\alpha$ を満たす大きさの L を入れれば i_d は連続になる．

(a) i_d 断続 $(\alpha > \phi)$

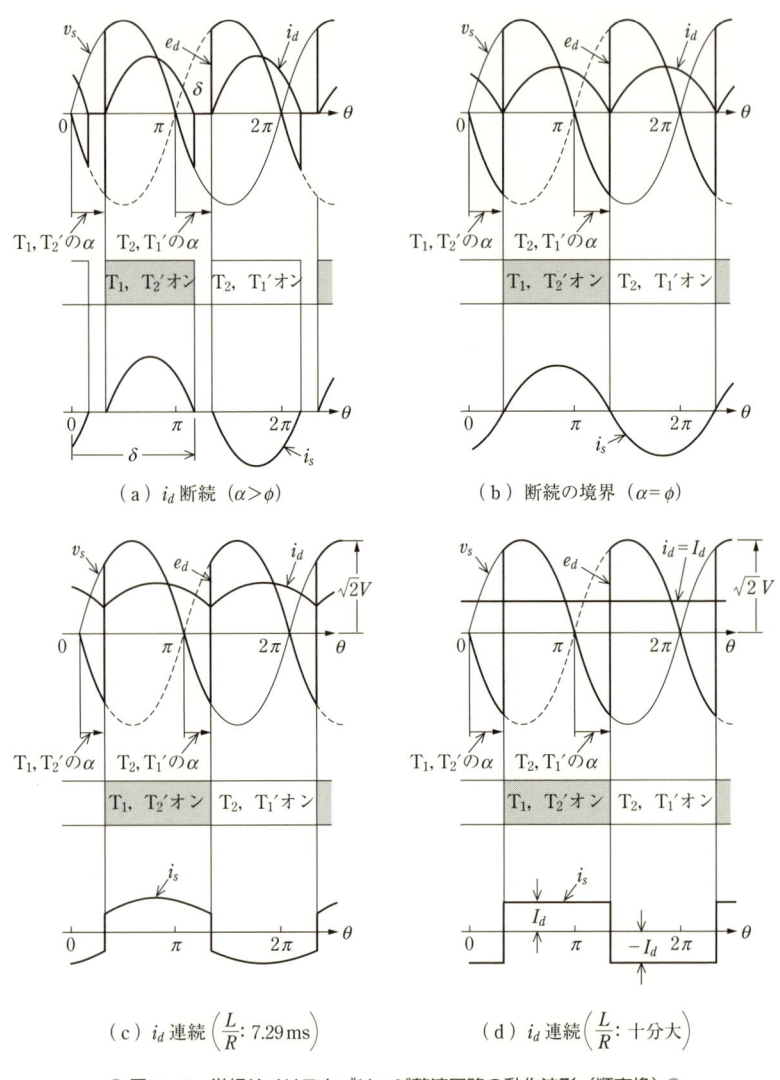

(b) 断続の境界 $(\alpha = \phi)$

(c) i_d 連続 $\left(\dfrac{L}{R}: 7.29\,\mathrm{ms}\right)$

(d) i_d 連続 $\left(\dfrac{L}{R}: 十分大\right)$

● 図 7・6　単相サイリスタブリッジ整流回路の動作波形（順変換）●

　i_d が断続する場合の i_d の波形は式 (7・13) から定まる．この場合の消弧角 δ は，式 (7・13) に $\theta = \delta$ で $i_d = 0$ を代入して得られる次式から数値計算により求められる．

$$\varepsilon^{(\delta-\alpha)\cot\phi}\sin(\delta-\phi) = \sin(\alpha-\phi) \tag{7・14}$$

　L/R が十分大きい場合は i_d を純直流で近似できる．電源電流 i_s の波形は，i_d が

断続する境界では純正弦波, L/R が十分大きい場合は基本波の位相が電源電圧 v_s より α だけ遅れた方形波になる.

次に, 直流電流 i_d が連続しているとして, T_1 (T_2') から T_2 (T_1') への転流動作を考えてみよう. $\theta = \pi + \alpha$ で T_2 (T_1') へ信号が入り, これがオンすると, T_1 (T_2') に電源電圧 v_s が逆電圧として加わるので, T_1 (T_2') は瞬時にオフする. このように電源電圧で転流が行われる電力変換器を**他励式変換器**（externally commutated converter）と呼んでいる. 理論的には $0 \leq \alpha < \pi$ の領域で, T_1 (T_2') から T_2 (T_1') へ転流できる. $-\pi < \alpha < 0$ の領域は, サイリスタを電源電圧では転流できない**自励式変換器**の領域である.

図 7·6 (d) を参考にして, i_d が連続する場合の e_d の平均値 E_d を求めてみよう.

$$E_d = \frac{1}{\pi} \int_{\alpha}^{\pi+\alpha} v_s d\theta = \frac{2\sqrt{2} V}{\pi} \cos\alpha = RI_d \quad (7 \cdot 15)$$

E_d は $\cos\alpha$ に正比例し, $0 \leq \alpha \leq \pi/2$ の領域では $E_d \geq 0$, $\pi/2 < \alpha < \pi$ の領域では $E_d < 0$ となる. $E_d > 0$ の領域は交流電源から直流側に有効電力が供給される ($v_s i_s = e_d i_d$ の平均値）> 0 の領域で, この場合の動作を**順変換動作**（**整流器動作**）という. 図 7·6 はこの場合に相当する. $E_d < 0$ の領域の各部動作波形を**図 7·7**に示す

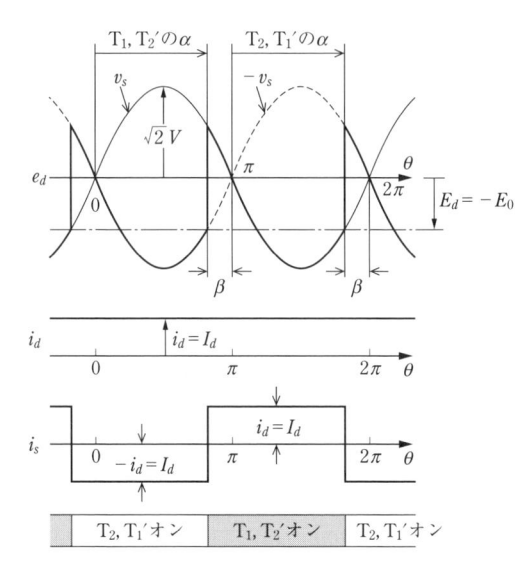

● **図 7·7** 単相サイリスタブリッジ整流回路の逆変換動作時の波形 $\left(\dfrac{L}{R} : 十分大\right)$ ●

(L は十分大とする).この場合には,直流側にエネルギー源が必要で,図 7·5 に破線で示すように,負荷抵抗 R の部分に代って直流電源 E_0($=-E_d$)を接続しなければならない.この領域では($v_s i_s = e_d i_d$ の平均値)<0 となる.これは,直流側から交流側に電力が送られることを意味する.この場合の動作を**逆変換動作**(**他励式インバータ動作**)という.$\pi-\alpha=\beta$ を**制御進み角**(angle of advance)と定義している.サイリスタをオフするにはターンオフ時間以上逆バイアスする必要があるので,$\beta=0$ で逆変換動作をさせることはできない.

〔3〕 単相混合ブリッジ整流回路 ■■■

サイリスタ T_1' と T_2' の代わりにダイオード D_1' と D_2' を接続した**図 7·8** (a) の回路構成を**単相混合ブリッジ整流回路**という.この回路の動作波形(L/R が十分大の場合)を図 7·8 (b) に示す.電源電圧 v_s の正の半波でダイオード D_2',負の半波でダイオード D_1' がオンする.サイリスタ T_1 と T_2 には図 7·5 の整流回路の場合と同様な信号を入力する.したがって,T_1 と D_1' または T_2 と D_2' が同時にオンし,直流電流 i_d がこれらの経路を環流して流れるモードが生じる.この期間では $e_d=0$,$i_s=0$ となる.e_d の平均値 E_d は次式になる.

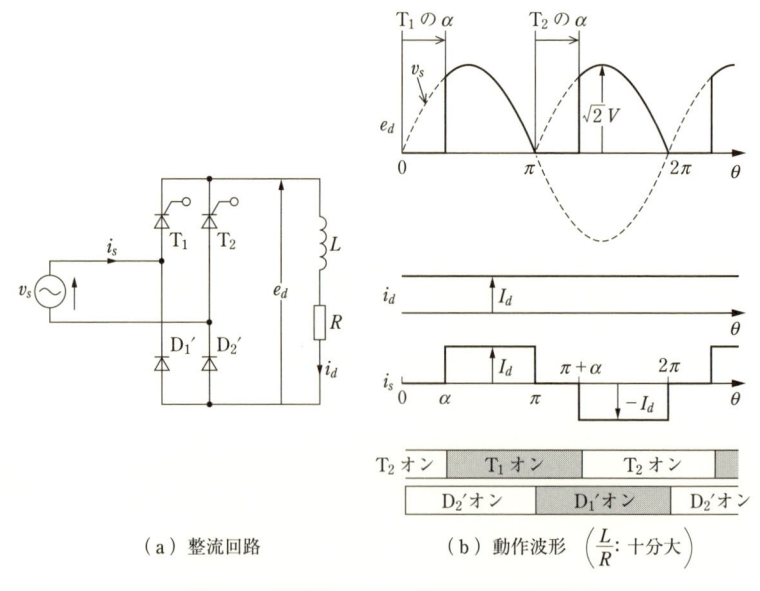

(a) 整流回路　　　　　(b) 動作波形 $\left(\dfrac{L}{R}:\text{十分大}\right)$

● 図 7·8　単相混合ブリッジ整流回路と動作波形 ●

3 いろいろな単相ブリッジ整流回路のしくみ

$$E_d = \frac{1}{\pi}\int_\alpha^\pi \sqrt{2}\,V\sin\theta\,d\theta = \frac{\sqrt{2}\,V}{\pi}(1+\cos\alpha) \qquad (7\cdot16)$$

$0 \leq \alpha < \pi$ の領域で $E_d > 0$ となるので,この方式では逆変換動作は不可能である.

〔4〕 単相コンデンサインプット形ブリッジ整流回路

単相コンデンサインプット形ブリッジ整流回路の構成を図 7・9 に示す.図 7・4 (a) の回路と比べて,軽負荷においては高い直流電圧が得られること,小型,軽量,安価などの点から小容量の DC-DC 変換用直流電源として広く用いられている.

直流電圧 e_d と電源電流 i_s の波形を図 7・9 (b) に示す. $|v_s| > e_d$ となる位相で,ダイオード D_1 と D_2' または D_2 と D_1' がオンし,電源電圧 v_s,抵抗分 r_s,インダクタンス分 l_s を経て直流電圧平滑用の電解コンデンサ C と負荷抵抗 R との並列回路に共振電流 i_s が流れる.通常, r_s, l_s の値は小さいので, i_s のピーク値 I_P はその基本波最大値 I_{1M} の数倍以上にもなる.電源電流 i_s には多くの高調波成分が含まれ,電源力率が悪くなる.

4 個のダイオードがすべてオフしているときには, C から R へ CR の時定数で放電電流が流れる.したがって, R の値が小さくなり,その電流 i_R が大きくなるほど直流電圧 e_d の脈動は大きくなる. e_d の脈動が大きいと, C に流れる電流 i_C が大きくなり, C を加熱してその寿命を短くするので, i_C の実効値 I_C が許容値以下

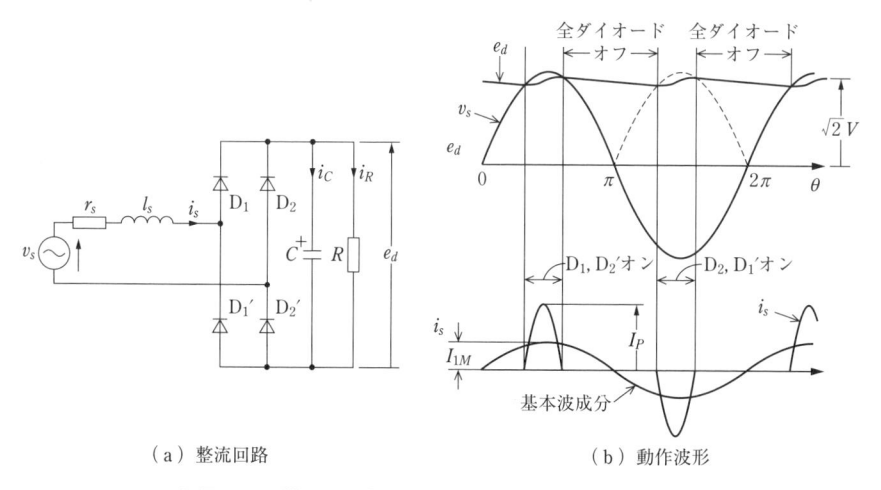

(a) 整流回路   (b) 動作波形

● 図 7・9 単相コンデンサインプット形整流回路と動作波形 ●

になるように C の容量を選ぶ必要がある．

なお，始動時には C の電荷は0で，大きな突入電流が流れるので注意が必要である．

まとめ

① 整流回路の直流インダクタンス L は直流電流波形を平滑化する作用をする．電源角周波数を ω ，直流負荷抵抗を R とすると L/R が十分大きい場合には，直流電流を純直流で近似できる．
② L に加わる電圧の平均値は0である．したがって，直流電流が連続して流れている場合には，直流電圧の平均値を E_d ，直流電流の平均値を I_d とすると，$E_d=RI_d$ の関係が成り立つ．
③ 電源電圧が正弦波の場合には，電源が供給する有効電力は電源電流の基本波成分のみによって定まる．
④ 整流回路はチョークインプット形とコンデンサインプット形に分類できる．
⑤ サイリスタブリッジ整流回路では，直流電圧平均値を制御することができ，順変換動作と逆変換動作の両者が可能である．混合ブリッジ整流回路では逆変換動作は不可能である．

演習問題

問1 図7・4 (a) のダイオードブリッジ整流回路について，次の問に答えよ．ただし，$V=100\text{V}$，$R=10\,\Omega$ とする．
(1) $L=0$ の場合に R で消費される電力を求めよ．
(2) L/R が十分大きく，i_d が純直流とみなせる場合における R での消費電力を求めよ．

問2 L/R が十分大きいとして，図7・5の単相サイリスタブリッジ整流回路の基本波力率と総合力率を求めよ．

問3 単相のダイオードブリッジ整流回路とサイリスタブリッジ整流回路を縦続接続した**図7・10**について，次の問に答えよ．ただし，交流電源電圧は $v_1=v_2=\sqrt{2}\,V\sin\omega t$ で，$V=100\text{V}$，負荷抵抗は $R=10\,\Omega$ とし，直流電流 i_d は

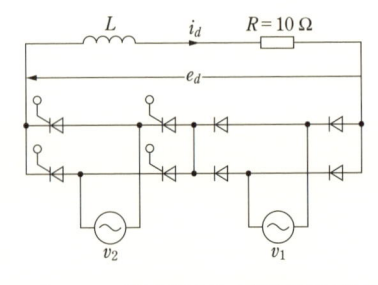

● 図7・10 単相整流回路の縦続接続回路 ●

連続して流れているとする．
(1) サイリスタブリッジ整流回路を制御遅れ角 $\alpha = \pi/3$ で動作させた．このときの直流電圧 e_d の平均値 E_d と直流電流 i_d の平均値 I_d の値を求めよ．
(2) α の制御によって制御可能な E_d の範囲を求めよ．

8章

サイリスタコンバータの原理と特性 (2)
── 三相整流回路, サイクロコンバータ ──

　三相整流回路は, 各種の直流電源装置, 周波数変換装置, 直流送電用コンバータなどに応用されている. サイクロコンバータは三相整流回路を複数組用いることにより構成でき, 低周波数, 大容量の交流電動機駆動用として用いられている. この章では三相整流回路の動作と基礎特性, 転流リアクタンスの作用, 交流電力調整回路の基本動作, サイクロコンバータの基本的なしくみなどを学ぶ.

1 三相サイリスタブリッジ整流回路の動作を理解しよう

〔1〕 動作波形と直流電圧

　図 8·1 に三相サイリスタブリッジ整流回路を示す. この整流回路を基本回路として, 大容量の整流装置が構成される. v_1, v_2, v_3 は対称な三相電源の相電圧瞬時値を表す. サイリスタ T_1, T_2, T_3 および T_1', T_2', T_3' の制御遅れ角 α は, それぞれ図 8·2 (b) に示すように, 電源相電圧 v_1, v_2, v_3 の正の半波側および負の半波側の交点から測った遅れ角であることに注意しよう.

　ここでは L/R は十分大きいとし, 直流電流 i_d を純直流で近似して考えていこう. 同図 (c) に各サイリスタのオン期間を示す. 6個のサイリスタは $2\pi/3$ ずつ

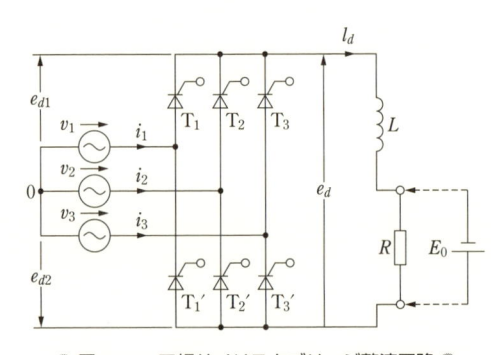

●図 8·1　三相サイリスタブリッジ整流回路●

1 三相サイリスタブリッジ整流回路の動作を理解しよう

(a) 直流電圧 $e_d = e_{d1} - e_{d2}$

(b) 直流電圧 e_{d1} と e_{d2}

(c) サイリスタのオン期間

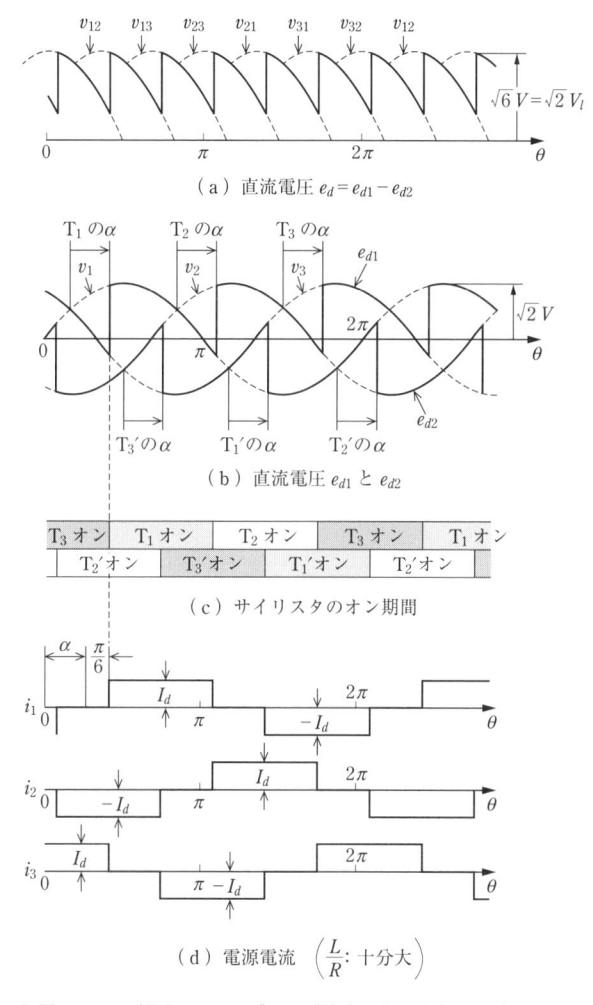

(d) 電源電流 $\left(\dfrac{L}{R}:\text{十分大}\right)$

● 図 8・2 三相サイリスタブリッジ整流回路の動作波形（順変換）●

オンし，$\pi/3$ ごとに転流が行われる．図 8・1 において，電源の中性点 0 を基準電位にとると，サイリスタのカソード共通側の電圧 e_{d1} は，T_1 オンのとき v_1，T_2 オンのとき v_2，T_3 オンのとき v_3 に等しい．サイリスタのアノード共通側電圧 e_{d2} も同様に定まる．図 8・2 (b) に e_{d1}，e_{d2} の波形を示す．図 8・2 (a) に示す直流電圧 e_d は $e_d = e_{d1} - e_{d2}$ から求まり，**パルス数**（電源 1 周期間内の転流回数）$p=6$ の波形になる．v_1，v_2，v_3 の実効値を V とし，e_d の平均値 E_d を（e_{d1} の平均値）×2 から

求めると式 (8・1) が得られる.

$$E_d = \frac{3}{\pi}\int_{\frac{\pi}{6}+\alpha}^{\frac{5\pi}{6}+\alpha} \sqrt{2}\,V\sin\theta\, d\theta = \frac{3\sqrt{6}\,V}{\pi}\cos\alpha = \frac{3\sqrt{2}\,V_l}{\pi}\cos\alpha \approx 1.35\,V_l\cos\alpha \tag{8・1}$$

ここで, V_l は電源線間電圧の実効値を表す. 式 (7・15) の場合と同様に, E_d は $\cos\alpha$ に正比例し, $0\leq\alpha<\pi/2$ の領域で順変換, $\pi/2<\alpha<\pi$ の領域で逆変換動作をする. 逆変換動作を行うためには, 直流側にエネルギー源が必要で, 図 8・1 の回路における負荷抵抗 R の代わりに直流電源 $E_0\,(=-E_d)$ が必要である. **図 8・3** にいろいろな制御角における直流電圧 e_d の波形を示す. $\alpha=0$ 場合は図 8・1 の回路において, 6 個のサイリスタを 6 個のダイオードに置き換えた回路と等価である.

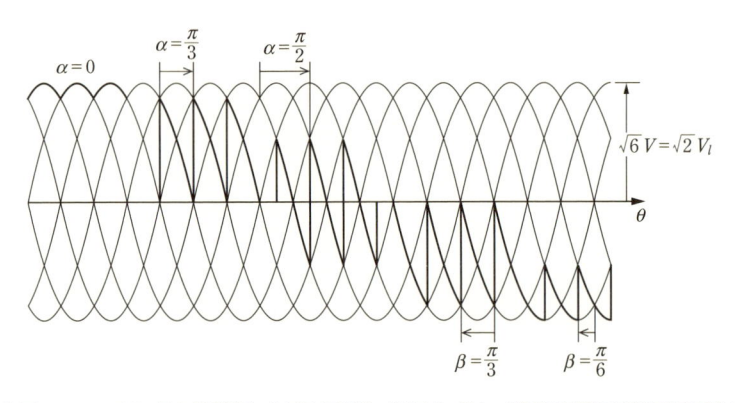

● 図 8・3　いろいろな制御角における三相サイリスタブリッジ整流回路の直流電圧波形 ●

〔2〕 **電源電流の高調波成分と力率**　■■■

電源電流 i_1, i_2, i_3 の波形（L/R が十分に大の場合）を図 8・2 (d) に示した. このうちの i_1 の波形を 2 章の図 2・1 (c) と式 (2・20) を参考にしてフーリエ級数に展開すると次式になる.

$$i_1 = \frac{2\sqrt{3}\,I_d}{\pi}\left[\sin(\theta-\alpha) - \frac{1}{5}\sin 5(\theta-\alpha) - \frac{1}{7}\sin 7(\theta-\alpha)\right.$$
$$\left. + \frac{1}{11}\sin 11(\theta-\alpha) + \frac{1}{13}\sin 13(\theta-\alpha)\cdots\cdots\right] \tag{8・2}$$

この整流回路では $6n\pm 1$ 次の高調波（$n=1, 2, 3, \cdots$）が基本波に対して $1/(6n$

±1）の割合で含まれてくることがわかる．また，i_1 の基本波は v_1 より α だけ遅れる．**基本波力率**（displacement power factor）は $\cos\alpha$ となる．なお，単相混合ブリッジ整流回路の基本波力率は先に示した図 7・8 より $\cos\alpha/2$ となる．

i_1 の実効値を I_e，基本波実効値を I_1 とすると，$I_e=\sqrt{2/3}\,I_d$，$I_1=\sqrt{6}\,I_d/\pi$ となる．i_1 の**ひずみ率** THD を 2 章の式（2・27）から求めると式（8・3）のようになる．

$$\text{THD} = \sqrt{\left(\frac{I_e}{I_1}\right)^2 - 1} = \sqrt{\frac{\pi^2}{9} - 1} \approx 0.311 \tag{8・3}$$

次に，電源が供給する有効電力 P を求めると

$$P = 3VI_1\cos\alpha = E_d I_d = \frac{3\sqrt{6}}{\pi}VI_d\cos\alpha \tag{8・4}$$

となり，電源電圧が純正弦波の場合には，電源が供給する有効電力は，i_1 の基本波有効分 $I_1\cos\alpha$ から決まり，それは直流側の負荷が消費する電力に等しいことがわかる．つまり，i_1 の高調波成分による電力はすべて無効電力となる．i_d が純直流のときの三相ブリッジ整流回路の**総合力率** λ を 2 章の式（2・25）から求めると式（8・5）になる．

$$\lambda = \frac{E_d I_d}{3V \times (i_1\text{ の実効値})} = \frac{3}{\pi}\cos\alpha \tag{8・5}$$

総合力率は基本波力率より小さくなる．また，E_d が小さい領域ほど力率が悪くなる．$\alpha=\pi/2$ では純誘導性となり $\lambda=0$ になる．

② 転流リアクタンスによって整流特性はどう変わるのだろう

これまでは図 7・9 のコンデンサインプット形を除いて，交流電源側のインピーダンスや変圧器の漏れインダクタンスなどを無視して考えてきた．実際の整流回路では交流側の等価抵抗 r_s と等価リアクタンス ωl_s とが直流平均電圧 E_d を変動させる原因になる．

一般に電力系統では，$\omega l_s \gg r_s$ であるので，ここでは $r_s=0$ とし，ωl_s が E_d に及ぼす影響を，**図 8・4**（a）の三相半波サイリスタ整流回路を例として考えよう．ωl_s を**転流リアクタンス**（commutating reactance）と呼んでいる．ここでは L が十分に大きく，i_d を純直流 I_d で近似できるとして，ωl_s を考慮した整流特性を考えてみよう．いま，サイリスタ T_3 がオンしていて $i_3=I_d$ の状態から，サイリスタ T_1 へ転流する場合を考えてみよう．T_1 がオンする位相では $v_1>v_3$ であるが，このとき

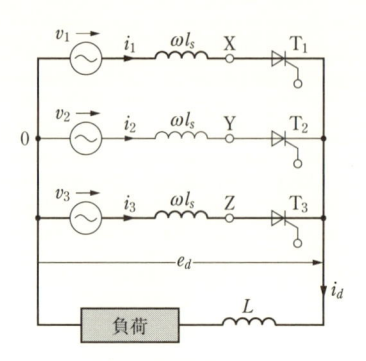

8章 サイリスタコンバータの原理と特性（2）

(a) 三相半波整流回路

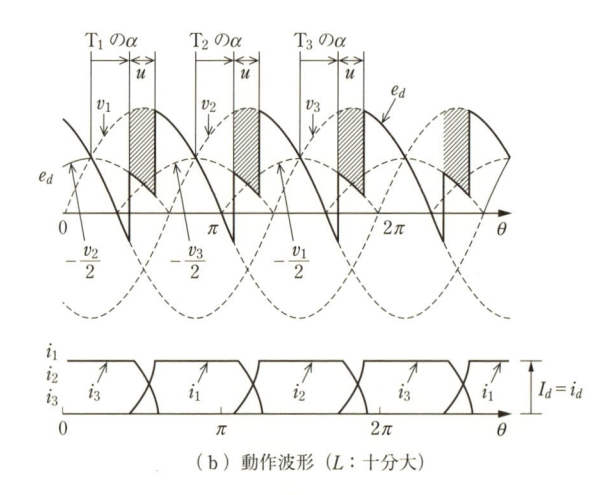

(b) 動作波形（L：十分大）

● 図 8・4　電流の重なりがある場合の三相半波整流回路と動作波形 ●

v_3 の相の l_s は $l_s I_d^2/2$ のエネルギーを保有しているので，T_3 は瞬時にはオフしない．このため，T_1 と T_3 とが同時にオンする期間が生じる．この期間を重なり期間，その角度を**重なり角**（overlap angle）という．このように，転流リアクタンスがあると，T_3 から T_1 へ転流するのに，重なり角に相当する時間が必要になる．三相半波形では，1周期の間に3回重なり期間を生じる．

図 8・4 (a) において T_1 と T_3 とが同時にオンしている期間では次式が成り立つ．

$$e_d = v_1 - \omega l_s \frac{di_1}{d\theta} = v_3 - \omega l_s \frac{di_3}{d\theta} \tag{8・6}$$

$i_1 + i_3 = i_d = I_d$ の両辺を微分すると，$di_1/d\theta + di_3/d\theta = 0$ となるから，この関係を

式 (8·6) に代入すると，式 (8·7) が得られる．

$$\omega l_s \frac{di_1}{d\theta} = \frac{v_1 - v_3}{2} \tag{8·7}$$

式 (8·7) を式 (8·6) に代入すると，重なり期間の直流電圧 e_d は次式になる．

$$e_d = \frac{v_1 + v_3}{2} = -\frac{v_2}{2} \tag{8·8}$$

重なり角を u として，図 8·4 (b) に動作波形の一例を示す．$u=0$ の場合と比べて，同図の斜線部に相当する分だけ e_d の平均値 E_d は低下することがわかる．ここで，u, α, I_d の間の関係は式 (8·7) を解くことにより求まる．

式 (8·6) から E_d を求めてみよう．

$$E_d = \frac{3}{2\pi} \left[\int_{\alpha+\frac{\pi}{6}}^{\alpha+\frac{5\pi}{6}} v_1 d\theta - \omega l_s \int_0^{I_d} di_1 \right] = \frac{3\sqrt{6}\,V}{2\pi} \cos\alpha - \frac{3\omega l_s}{2\pi} I_d \tag{8·9}$$

式 (8·9) の第 2 項は転流に伴って生じる直流電圧の低下分で，これを**転流リアクタンス電圧降下**という．$3\omega l_s/2\pi$ は直流側からみると，抵抗と同じ作用をしている．これは重なり現象によって図 8·4 (a) の X0 間，Y0 間，Z0 間の電圧がひずんで小さくなるために生じるもので，電力損失は発生しない点に注意しよう．パルス数が p の場合にはこの値は $p\omega l_s/2\pi$ となる．

③ サイリスタを使って交流電力の調整をしてみよう

図 8·5 (a) に単相の**交流電力調整回路**を示す．サイリスタ T_1 と T_2 とを逆並列接続し，これを交流電源電圧 v_s と R, L 負荷とに直列接続した構成である．T_1 と T_2 の代わりに双方向性サイリスタを用いることもできる．T_1 と T_2 がオンする位相角を制御（位相制御）して，負荷に加わる電圧 v_L の実効値を可変にし，負荷へ供給する有効電力を制御する．調光器や家電機器の制御などに広く用いられている．

R, L 負荷時の動作波形を図 8·5 (b) に示す．T_1 には電源電圧 v_s が正に立ち上がる 0 点から，また T_2 には電源電圧 v_s が負に立ち下がる 0 点から α 〔rad〕遅れた位相で，図 8·5 (c) に示すような広幅の信号を入力する．T_1 がオンしている状態における電流 i_1 の式は，式 (7·13) の右辺に等しい．ここで，消弧角 δ の値は式 (7·14) から求められる．したがって，ちょうど $\alpha = \phi$ （$= \tan^{-1}\omega L/R$）の位相で，T_1（または T_2）がオンすると，負荷電流 i_L の過渡項は 0，$\delta = \pi + \phi$ となるの

(a) 単相交流電力調整回路

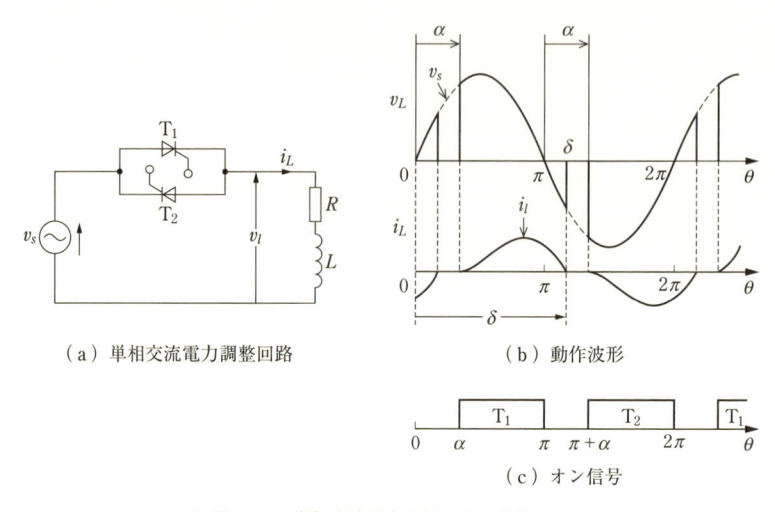

(b) 動作波形

(c) オン信号

● 図 8・5　単相交流電力調整回路と動作波形 ●

で，$v_L=v_s$，$i_L=(\sqrt{2}V/R)\cos\phi\sin(\theta-\phi)$ となる．この場合，i_L の波形は純正弦波になる．また，$0\leq\alpha<\phi$ の領域で動作させると，始動時には i_L に過渡項を生じるが，この項は時間の経過とともに減衰して 0 になるので，定常状態における v_L と i_L は $\alpha=\phi$ の場合とまったく同じになる．この状態では T_1 と T_2 はそれぞれ π に相当する期間ずつオンする．このため，$\phi<\alpha<\pi$ の範囲で v_L の実効値を制御可能である．R，L 負荷時の v_L の実効値 V_L を求めると式（8・10）になる．

$$V_L = \sqrt{\frac{1}{\pi}\int_\alpha^\delta (\sqrt{2}V\sin\theta)^2 d\theta} = V\sqrt{\frac{\delta-\alpha}{\pi}+\frac{\sin2\alpha-\sin2\delta}{2\pi}} \quad (8・10)$$

ここまでは，単相回路について述べたが，サイリスタの逆並列接続回路（または双方向性サイリスタ）を 3 組用いて，三相回路へ応用することも可能である．

4　サイクロコンバータのしくみを見てみよう

一定電圧，一定周波数の交流電源から可変電圧，可変周波数の交流に直接変換する電力変換器を**サイクロコンバータ**（cycloconverter）という．図 8・6（a）に示すように，三相電源から単相出力を得る場合について，サイクロコンバータに必要な電力変換モードを考えてみよう．純正弦波の出力電圧 v_o が得られると仮定し，v_o と R，L 負荷に流れる出力電流 i_o との波形を図 8・6（b）に示す．まず，瞬時電力 $v_o i_o>0$ となる順変換モードを考えると，$v_o>0$ の場合と $v_o<0$ の場合との

(a) 構 成

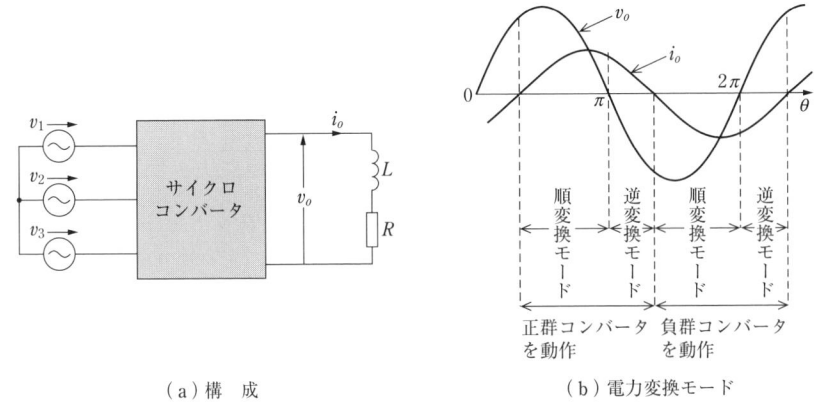

(b) 電力変換モード

● 図8・6 三相-単相サイクロコンバータの構成と電力変換モード ●

両領域において可変電圧の電源が必要なことがわかる．$v_o i_o < 0$ となる逆変換モードにおいても同様である．ところで，図8・3に示したように三相サイリスタブリッジ整流回路における直流電圧の電圧極性は，順変換動作では正，逆変換動作では負になり，その平均値は $\cos\alpha$ に正比例する．したがって，この整流回路を2組組み合わせ，v_o に対応する基準信号に追従して，制御角 α または β を制御することにより，三相交流を単相交流に直接変換できることがわかる．

三相サイリスタブリッジ整流回路を2組用いた三相-単相全波サイクロコンバータを図8・7に示す．各整流回路の直流電流は一方向のみに流れる．i_o が正の領域で動作する整流回路を正群コンバータ，i_o が負の領域で動作する整流回路を負群コンバータとしている．この回路構成では，電源が短絡状態になるのを避け

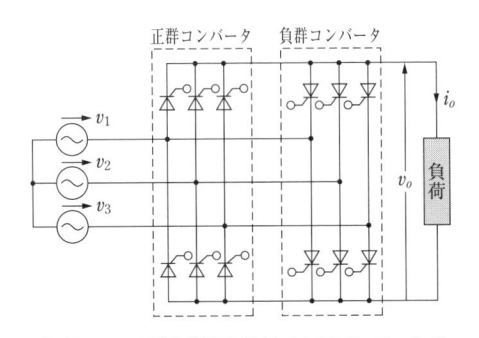

● 図8・7 三相-単相全波サイクロコンバータ ●

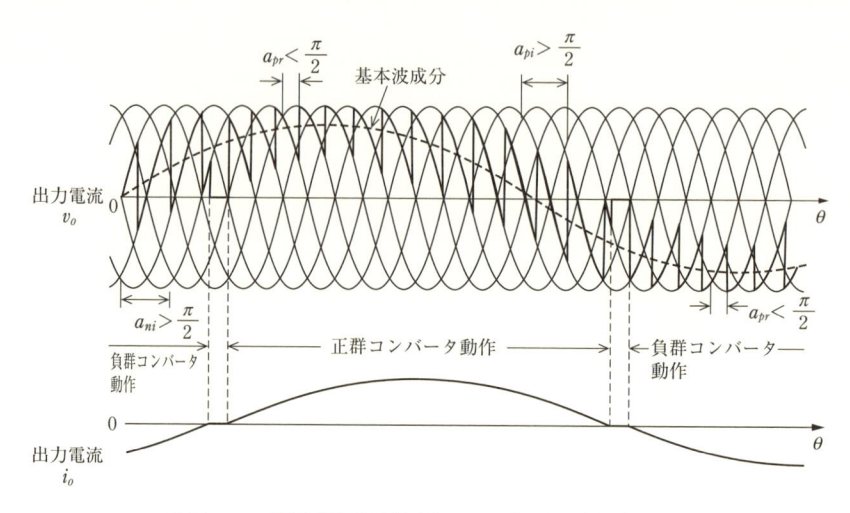

● 図 8・8　三相-単相全波サイクロコンバータの出力波形例 ●

るために，正群側（負群側）のコンバータが動作している期間には負群側（正群側）をオフにしておく必要がある．このため，i_o を検出して，どのモードで動作させるかを判別しなければならない．図 8・8 に出力電圧 v_o の波形の一例を示す．変調率＝(信号波の最大値)/(搬送波の振幅) と信号波の周波数とを変えることにより，v_o を可変電圧，可変周波数にできる．

サイクロコンバータでは出力周波数が低いほど，変調率が高いほど，また，正群，負群用コンバータのパルス数が多いほど v_o の波形は正弦波に近づく．実用的な出力周波数の上限は，図 8・7 のサイクロコンバータで，電源周波数の 1/2 倍程度である．図 8・7 の回路を 3 組用いると，三相-三相サイクロコンバータを構成できる．サイクロコンバータは数千 kW クラスの鉄鋼圧延用交流機の可変速駆動用など，低周波数，大容量の電力変換器として応用されている．

まとめ

① 三相サイリスタブリッジ整流回路の各サイリスタの制御遅れ角 α は，三相相電圧波形の正側および負側の各交点から測った遅れ角である．三相ダイオードブリッジ整流回路は $\alpha=0$ の場合に相当する．
② 三相整流回路の直流電圧はパルス数 6 の波形になる．基本波力率は $\cos\alpha$，総合力率は $(3/\pi)\cos\alpha$ で，直流電圧が低くなるとともに力率が低下し，$\alpha=\pi/2$ で総合力率は 0 になる．
③ 実際の整流回路では転流リアクタンス電圧降下が生じるため，直流出力電圧は，直流負荷電流の増加とともに減少する．
④ サイクロコンバータは複数組の三相サイリスタブリッジ整流回路を組み合わせることにより構成でき，信号周波数と変調率を制御することにより，出力電圧の周波数と振幅を制御できる．

演 習 問 題

問1 図 8・1 のサイリスタをダイオードで置き換えた三相ダイオードブリッジ整流回路において次の問に答えよ．ただし，電源線間電圧は $V_l=200\,\text{V}$，負荷抵抗は $R=10\,\Omega$ で，L/R が十分大きいため直流電流の脈動は無視できるとする．
(1) 直流電圧の平均値 E_d と直流電流 I_d を求めよ．
(2) 電源電流の実効値，基本波実効値および基本波力率を求めよ．

問2 $\theta=0$ で $i_1=0$，$\theta=\pi/6+\alpha+u$ の条件で式（8・7）を解き，α，u，I_d の間の関係を表す式を求め，I_d が大きくなるほど u が大きくなることを確認せよ．

問3 図 8・4 (a) の三相半波整流回路において，負荷の代わりに直流電源（電圧 E_0）を接続すると逆変換動作を行える．ここで $\sqrt{3}\,V=200\,\text{V}$，$\omega l_s=0.2\,\Omega$，$\beta=\pi/6$（$\alpha=5\pi/6$），$u=\pi/12$（$E_0\cong 124\,\text{V}$）として，このときの直流電流 I_d の値を求めよ．また，サイリスタ T_1 に加わる電圧波形を描き，直流電流 I_d が大きくなるほど各サイリスタの逆バイアス時間が短くなり，β の制御可能範囲が狭くなることを確認せよ．

9章

DC–DC コンバータの原理と特性(1)
——降圧チョッパと昇圧チョッパ——

　広義の DC–DC コンバータ(DC–DC converter)は，ある直流電圧(または電流)をほかの大きさの異なる直流電圧(または電流)に変化させる装置をいう．狭義の DC–DC コンバータは中間にトランスを用い，したがって中間に交流が入り，実際上 DC → AC → DC の順番で変化させるものをいう場合が多い(これについては次章で述べる)．容量や目的により種々の回路方式に分類されるが，動作の基本はパワー半導体デバイスを用いてオンオフの動作を高速で繰り返して，出力の電圧の制御を行うことである．スイッチング動作で電圧を制御するため，理想条件のもとでは損失を生じない．このため小型・軽量，高効率化を目標とする，例えばテレビやパソコンなどを中心とする各種電子機器の直流電源などに用いられるようになった．最近は交流のインバータにとって代わられつつあるが，大容量のものとしては，地下鉄や電気自動車の直流電動機の駆動用電源などがあげられる．

　本章では中間トランスを用いない直接形 DC–DC コンバータを取り扱う．

1 直流チョッパ(ハードスイッチング)の動作を理解しよう

　DC–DC コンバータを基本回路としてフィードバック回路などを用い，出力電圧を定電圧に制御するものは**スイッチングレギュレータ**(switching regulator)と呼ばれる．一般に**チョッパ**(chopper)は中間にトランスを用いず入出力が直接，スイッチで接続されるものをいう場合が多い．

　入力が交流の場合は**交流チョッパ**(AC chopper)といい，基本的には電源と負荷の間に逆並列に挿入した2個のスイッチングデバイスによりオンオフを行い，本節の装置と類似のしくみで動作する．しかしながらチョッパといえば圧倒的に直流チョッパが多い．特にことわりのない場合は，チョッパといえば**直流チョッパ**(DC chopper)を指す．

〔1〕降圧チョッパ

　図**9·1**は**降圧チョッパ**(step-down, buck chopper)の回路を示したものである．

1 直流チョッパ（ハードスイッチング）の動作を理解しよう

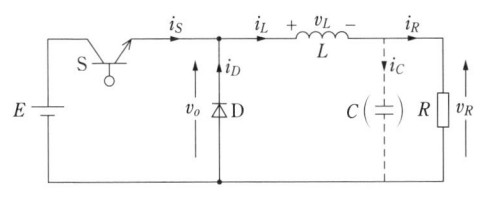

● 図 9・1 降圧チョッパ ●

はじめに平滑コンデンサ C のない場合について検討する．図 5・5 で示した直流電圧調整器と基本的に同じ動作をする．スイッチ S で示したトランジスタは負荷の大きさや動作させる周波数の違いにより，3, 4 章で学んだ MOSFET，IGBT，GTO などのほかのパワー半導体デバイスに置き換えることができる．R で表す抵抗は

(a) 平滑コンデンサ C のない場合

(b) 平滑コンデンサ C のある場合

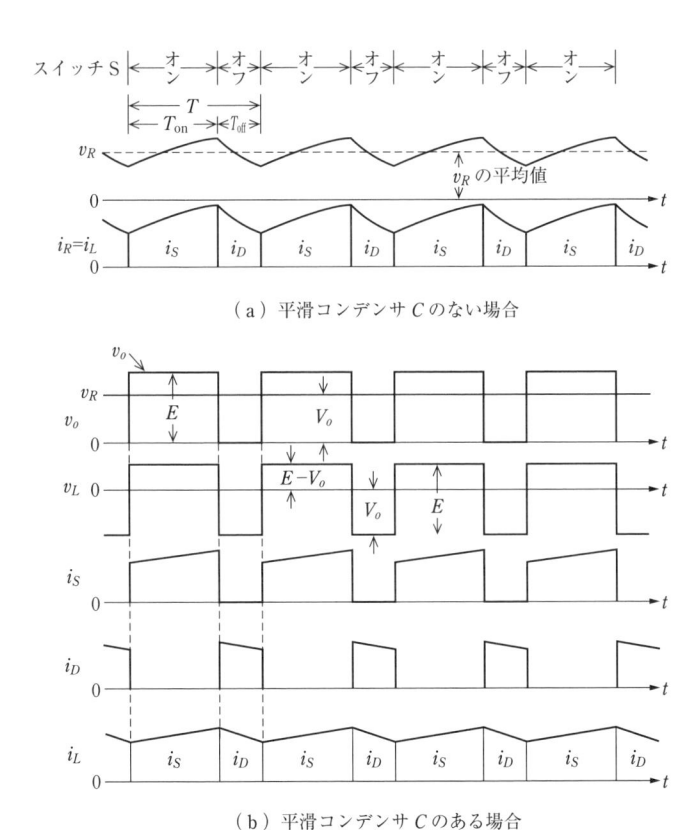

● 図 9・2 降圧チョッパの各部波形 ●

9章 DC-DC コンバータの原理と特性（1）

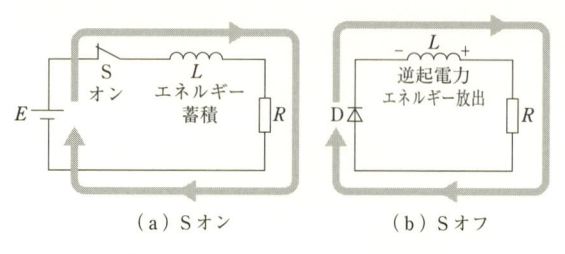

(a) Sオン (b) Sオフ

● 図 9・3　SオンとSオフ時の動作回路 ●

制御目的の装置などを等価的に表したものである．リアクトル L は，出力電流（および電圧）の**リプル**（ripple，脈動）を小さくするための平滑用である．点線で示す C はこの後の解析や実際の応用において接続するコンデンサである．**図 9・2**(a) はこのときの各部波形を示している．オン期間には**図 9・3**に示すように，入力電流 i_S が $E \rightarrow S \rightarrow L \rightarrow R$（負荷）の経路で流れ，$E$ の電力は出力に伝達されるとともにリアクトル L にも電磁エネルギーを蓄積する．

次に S がオフとなり電流が減少しようとすると，L には逆起電力が発生する．これにより電流がその方向に流れ続け，L に蓄えられている電磁エネルギーが放出する．すなわちダイオード D を通じ，$D \rightarrow L \rightarrow R \rightarrow D$ の経路で電流が流れ，L のエネルギーが放出する．S のオンとオフの動作により負荷電流 $i_L = i_R$ は i_S と i_D から交互に供給され，出力には図 9・2 のようにある程度平滑化された電流が流れる．この場合，負荷両端の電圧波形は同図 (a) の v_R で示すようにリプルを含んだ波形である．リプルが無視できるほどの直流を得るためには図 9・1 のカッコ内で示す値の大きい平滑コンデンサ C を追加する．図 9・2 (b) はこのときの各部波形を示している．負荷電圧波形は C でより平滑化されるため，図示の $v_R = V_o$ のように事実上完全な直流であると考えてよい．

S のオンとオフの繰返しにより，スイッチの出力の v_o 波形には電源電圧 E とゼロの電圧が交互に現れる．直流の出力電圧 V_o を得るには，E が出力に接続される時間の割合すなわち**時比率**（time ratio）を求めて計算することができる．すなわち，V_o は次式で与えられる．

$$V_o = \frac{T_{\text{on}}}{T_{\text{on}} + T_{\text{off}}} E = \frac{T_{\text{on}}}{T} E = dE \tag{9・1}$$

ただし，T_{on}：Sのオン時間，T_{off}：Sのオフ時間，T：1周期，d：1周期中のオ

ン時間の割合（時比率）で**デューティファクタ**（duty factor）という．

デューティファクタ（$0 \leqq d \leqq 1$）を変化させれば，出力電圧を制御することができる．

リアクトルにはオン時に$v_L = E - V_o$の電圧が，オフ時に$-v_L = V_o$の電圧が，図9·2(b)のv_L波形のように印加する．v_o波形から直流分を差し引くと，交流分が求められる．すなわち，v_oとv_L波形を比べるとv_Lには電圧v_oの交流分が現れることがわかる．これより，出力v_oは

$$v_o = V_o(\text{直流分}) + v_L(\text{交流分}) \tag{9·2}$$

として表すこともできる．これより直流分である出力電圧V_oはv_oの平均値を求めればよいことがわかる（交流分は平均すると0になる）．

リアクトルにおいて，オン期間には

$$E - V_o = L \frac{di_S}{dt} \tag{9·3}$$

の関係が成立し，i_Sはこの値で上昇する．オフ期間には

$$-V_o = L \frac{di_D}{dt} \tag{9·4}$$

が成立し，この値で下降する．図9·2(b)のi_S, i_D波形ではこれらを加味して傾斜を入れて示している．

〔2〕 **チョッパ回路の実際の計算** ■■■

図9·1において，$E = 200$ V, $L = 2.5$ mH, $R = 10$ Ω, デューティファクタ$d = 0.8$, 繰返し周波数$f_r = 5$ kHz, Cの値は十分大きいと仮定して，実際の計算を行ってみよう．

（1） 電圧波形v_o, v_R波形および各部の電流波形i_S, i_D, 負荷抵抗電流i_R, コンデンサ電流i_Cをそれぞれ描き，また各電流を平均値で求めてみよう．

（2） 入出力の電力を計算しよう．

【解】* （1） Cは十分大きいのでv_R, i_Rの電圧電流波形は十分平滑化されている．式(9·1)より$v_R = V_R = dE = 0.8 \times 200 = 160$ V. $i_R = I_R = 160$ V/10 Ω = 16 A. $I_L = I_R$であり，これはdで決まる値でi_S, i_Dに分担されるため，$I_S = d \times I_R = 12.8$ A. $I_D = (1-d) \times I_R = 3.2$ A. 定常時の1周期において，コンデンサの充放電電流は正と負で等しくなるため$I_C = 0$ A.

---

* 一般に変数の大文字は平均値，小文字は瞬時値を表す．

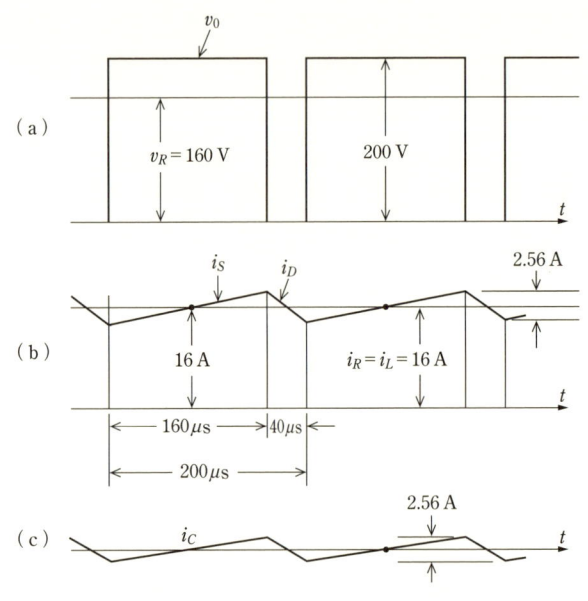

● 図9・4 降圧チョッパの各部波形 ●

オン時間の電流変化量 i_{Son} は，式(9・3)より求められる．すなわち，$200-160=2.5\,\text{mH} \times (i_{Son}/T_{on})$．ただし，$T_{on}=d \times (1/f_r)=0.8 \times (1/5\,\text{kHz})=160\,\mu\text{s}$．これより $i_{Son}=2.56\,\text{A}$ となる．オフ時の電流変化 i_{Soff} は式(9・4)より同様にして求められ，$i_{Soff}=2.56\,\text{A}$ となる．

電流波形は，まず完全に直流となる $i_R=16\,\text{A}$ を描く（**図9・4** 参照）．これにリプル $2.56\,\text{A}$ を図9・4(b)のように追加する（平均値が $16\,\text{A}$ となるように $2.56\,\text{A}$ を重畳していることに注意）．リアクトル電流に存在するリプルは，C によって完全に除去される．すなわちこのリプル電流がコンデンサ電流となる．

(2) 出力電力 P_o は，$P_o = V_o^2/R = 160^2/10 = 2.56\,\text{kW}$

入力電力 P_i は，$P_i = E \times I_S = 200 \times 12.8 = 2.56\,\text{kW}$

理想回路であり損失はないため，$P_i = P_o$ となり等しくなる．

〔3〕 **昇圧チョッパ** ■ ■ ■

図9・5 は**昇圧チョッパ**（step-up, boost chopper）回路を示したものである．**図9・6** はこのときの各部波形を示している．**図9・7** は S オン時とオフ時の動作回路を示している．スイッチ S のオンとオフの繰返しで出力 V_o には入力電圧 E より昇圧した値の電圧が現れる．スイッチオン時において L には E の電圧が印加し，

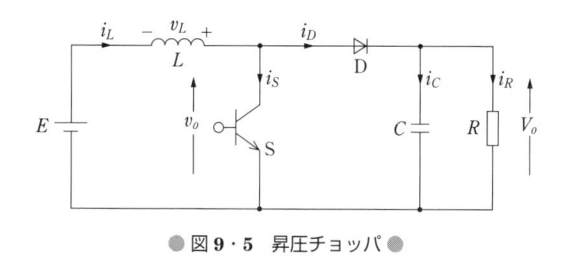

1 直流チョッパ（ハードスイッチング）の動作を理解しよう

● 図 9・5　昇圧チョッパ ●

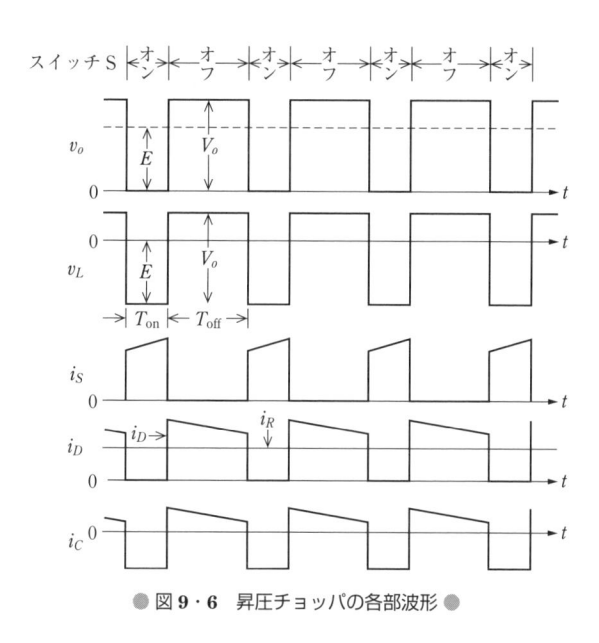

● 図 9・6　昇圧チョッパの各部波形 ●

$E \rightarrow L \rightarrow S$ の経路で電流が流れ，L に電磁エネルギーが蓄積される．D はこのとき出力のコンデンサの電荷が S を通じて放電するのを防ぐ放電阻止用ダイオードである．このため負荷は電源と切り離されるが，コンデンサ C の放電で負荷には電力が供給される．

　スイッチオフ時には L に逆起電力が発生し，蓄えられたエネルギーが放出され，$E \rightarrow L \rightarrow D \rightarrow R$ の経路で電流が流れる．このとき出力 V_o は，電源電圧 E にリアクトル放電電圧が加算されて印加するため，通常 $E < V_o$ となり入力電圧より出力電圧は昇圧する．定常時の出力電圧 V_o の値は以下のように求められる．すなわち図 9・6 の v_L 波形において，前述の〔1〕でも示したリアクトルの性質よりオン時に

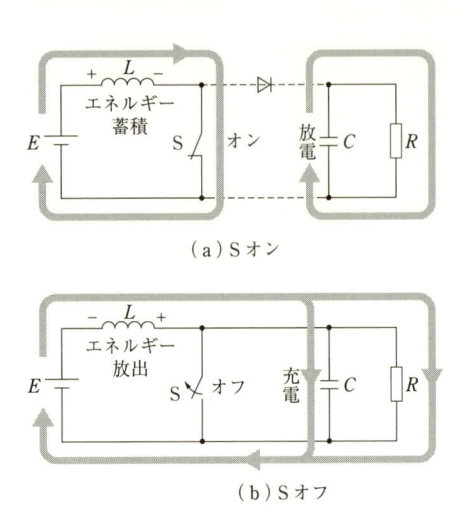

9章 DC-DCコンバータの原理と特性（1）

(a) S オン

(b) S オフ

● 図9・7 SオンとSオフ時の動作回路 ●

加わる E とオフ時の電圧 V_o-E の波形は面積が等しくなる．このように，リアクトルには交流電圧しか印加できない．この条件式を解くと出力電圧 V_o が求められる．すなわち

$$E \cdot T_\text{on} = (V_o - E) \cdot T_\text{off} \tag{9・5}$$

したがって

$$V_o = \frac{T}{T_\text{off}} E = \frac{1}{1 - T_\text{on}/T} E = \frac{E}{1-d} \tag{9・6}$$

となる．d は $0 \leq d < 1$ の範囲で変化する．$d=0$ では $V_o=E$ である．d を 0 から 1 に向かってしだいに大きくすると，上式に従ってしだいに昇圧していく．d をしだいに大きくしていったときにおいて，S がオフとなったときには電源と負荷が接続されるが，この期間もしだいに短くなる．大半の期間は S がオンする期間である．このとき負荷ではコンデンサに蓄積された電荷が連続して放電する．このため，負荷の大きさにより放電電荷量が異なり電圧が低下する値も大幅に異なるため，出力電圧の変動が大きくなる．

出力のコンデンサ電流はオフ時に電源より供給される間欠的パルス電流を平滑化するために図9・6の i_C のように大きな脈動電流となる．通常用いられる電解コンデンサは，充放電時の直列等価抵抗分も大きく，したがって損失の発生も大きいため寿命が短くなることに注意すべきである．以上のような点より，この方式

は負荷の容量も大きく広範囲に正確な電圧制御などを必要とするような用途には適さない．

〔4〕 **昇降圧チョッパ**

図9・8は**昇降圧チョッパ**（step-up and down, buck-boost chopper）回路を示したものである．**図9・9**はこのときの各部波形を示している．スイッチSのオンとオフの繰返しで，dの変化により出力V_oには入力電圧Eより降圧した値（$0 \leq d \leq 0.5$），または昇圧した値（$0.5 \leq d < 1.0$）の電圧が現れる．すなわち，図9・9のv_L波形に示すようにスイッチオン時においてLにはEの電圧が印加し，**図9・10**で示すように，$E \to S \to L$の経路で電流が流れ，昇圧チョッパと同様Lに電磁エネルギーが蓄積される．Dはこのとき負荷と電源が短絡するのを防ぐためのダイオードである．スイッチオフ時にはLに逆起電力が発生し蓄えられたエネルギーが放出され，$L \to R \to D$の経路で電流が流れる．

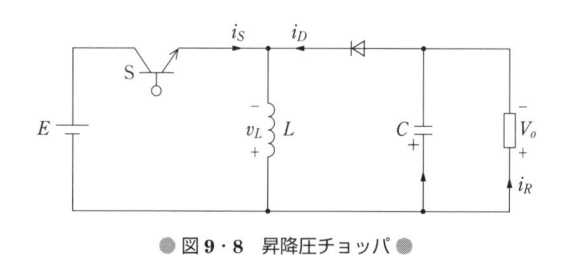

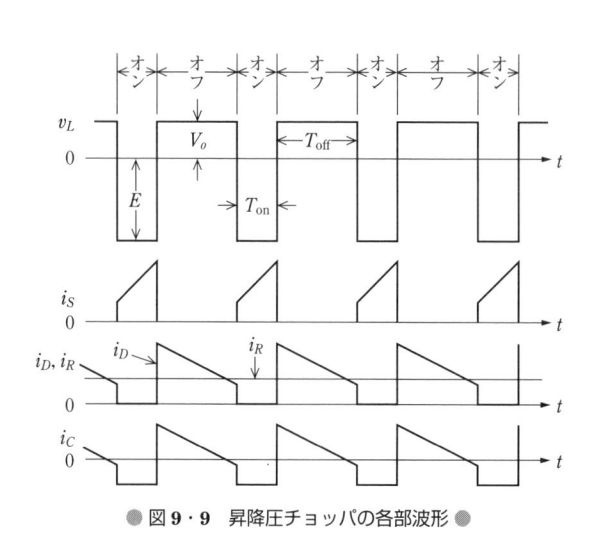

● 図9・8 昇降圧チョッパ ●

● 図9・9 昇降圧チョッパの各部波形 ●

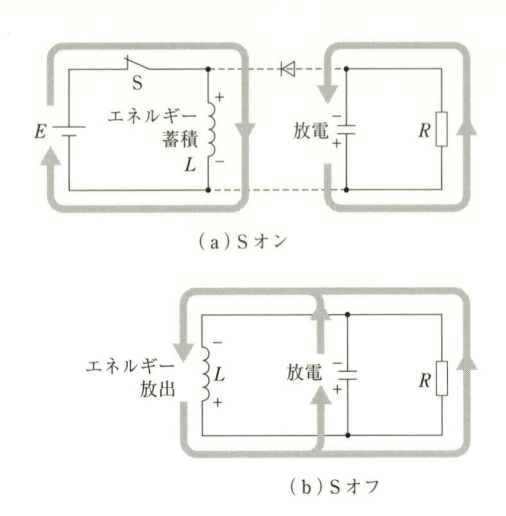

9章　DC-DCコンバータの原理と特性（1）

(a) S オン

(b) S オフ

● 図 9・10　S オンと S オフ時の動作回路 ●

　定常時の出力電圧 V_o の値は以下のように求められる．図 9・9 の v_L 波形において，前項でも学んだようにリアクトルの性質よりオン時に加わる E とオフ時の電圧 V_o の波形は面積が等しくなる．この条件式を解くと出力電圧 V_o が求められる．すなわち

$$E \cdot T_{\text{on}} = V_o \cdot T_{\text{off}} \quad (\text{図 9・9 参照}) \tag{9・7}$$

したがって

$$V_o = \frac{T_{\text{on}}}{T_{\text{off}}} E = \frac{T_{\text{on}}/T}{1 - T_{\text{on}}/T} E = \frac{dE}{1-d} \tag{9・8}$$

d は $0 \leq d < 1$ の範囲で変化する．$d=0$ では $V_o=0$ である．d を 0 から 0.5 に向かってしだいに大きくすると，上式に従ってしだいに V_o が上昇していく．$d=0.5$ では $V_o=E$ である．d を 1 に向かってさらに大きくすると，上式に従って昇圧していく．このコンバータ動作としては，S がオンおよびオフの両期間とも電源と負荷が直列接続されることはない．また昇圧コンバータと同様に d が 1 に近づくにつれ，大半の期間はコンデンサに蓄積された電荷が連続して放電する期間となる．このため，負荷の変化による出力電圧の変動が昇圧チョッパの場合よりさらに大きくなり，特性は悪くなる．

2 共振形コンバータ(ソフトスイッチング)の動作を理解しよう

〔1〕 ソフトスイッチング

　半導体スイッチのオンオフ動作は瞬時に行われるのが理想的であるが,実際は多少の有限の動作時間がある.このため損失が発生する.スイッチの損失を低減するように,外部に何らかの対策を施したスイッチング方式を**ソフトスイッチング** (soft switching)と呼んでいる(6章参照).本節ではオンオフ時に電流がほぼ0となるようにした方式である**ゼロ電流スイッチング**(ZCS : Zero Current Switching)の場合の検討を行う.

　他にも**ゼロ電圧スイッチング**(ZVS : Zero Voltage Switching)がある.このZVSでは一般にはオンしている定常状態から,スイッチオフ時にソフトスイッチングとなる LC 共振動作が行われる.本節の応用例で述べる降圧コンバータではオン時に LC 共振動作とともに負荷への電力供給動作を行うことを意図している.一方,ZVSと異なりZCSではスイッチオン時に LC 共振動作がなされる.動作を理解する上でより容易となるため,本節ではZCSを適用した場合の検討を行う.

〔2〕 ZCS(または電流共振)形降圧チョッパ

　この回路を図 **9・11** に示す.図 **9・12** にその動作波形を示している.すなわち図 9・1 で示した一般の降圧チョッパ回路に対し,ソフトスイッチとするための共振回路用の L, C, D が追加される.

　図 9・11 において,はじめ負荷電流 I_o が環流ダイオード D_o を通して流れている動作を想定する.時刻 t_0 でスイッチをオンする.i_S が立ち上がり,電流が流れ始める.D_o の電流は i_S に移行するためしだいに減少していく.この間 $v_o=0$ であるため L には電源電圧 E が印加し,i_S は直線的に上昇する.t_1 で $i_S=I_o$ となると D_o の電流は 0 となり,L と C の間で共振動作が開始する.出力フィルタの L_o は十分

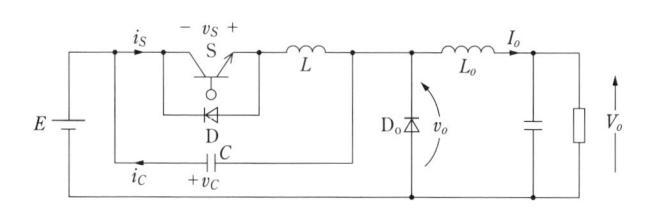

● 図 **9・11**　ZCS 形降圧チョッパ ●

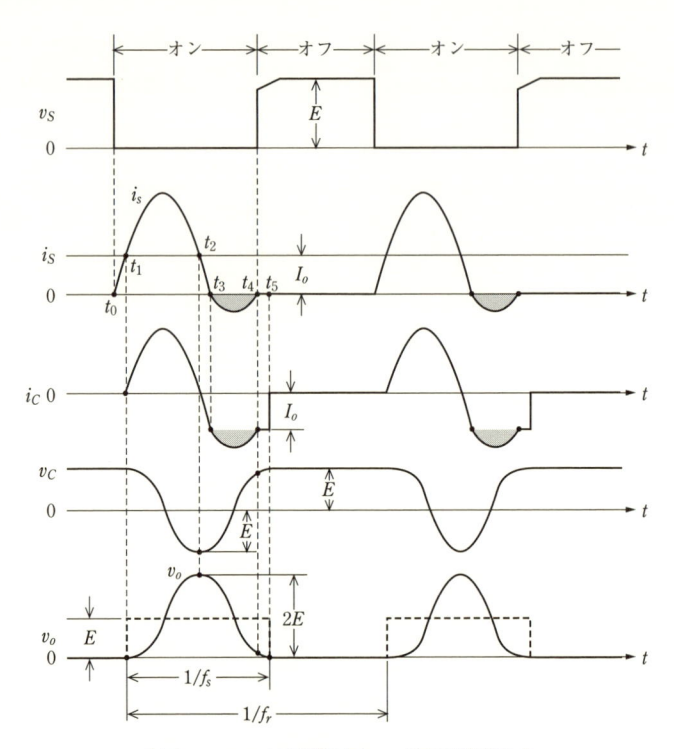

● 図 9・12　ZCS 形降圧チョッパの動作波形 ●

大きいため，考慮中の期間程度では I_o は定電流であると考えて差し支えない．共振回路の等価回路は**図 9・13**のように得られる．定電流源 I_o は外部回路によってその値は左右されない，すなわち高インピーダンス源であり，電源 E も定電流源 I_o に直列のため共振回路には影響を与えない．このため，共振の等価回路からは削除することができる．したがって L，C の回路は並列の独立した回路となる．初期電圧 E で，充電されている C の電荷が放電し共振回路により次式で導かれる値で，i_c は正弦波状に変化する．共振回路の微分方程式は次式のように得られる．すなわち

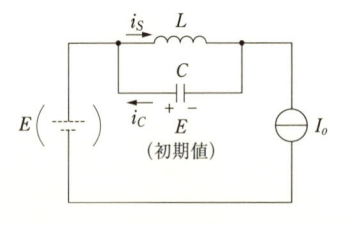

● 図 9・13　共振時の等価回路（ZCS）●

$$v_C = L\frac{di_C}{dt}, \quad i_C = -C\frac{dv_C}{dt} \tag{9・9}$$

2 共振形コンバータ（ソフトスイッチング）の動作を理解しよう

これを解くと

$$i_C = E\sqrt{\frac{C}{L}} \sin \frac{1}{\sqrt{LC}} t \tag{9・10}$$

$$v_C = E \cos \frac{1}{\sqrt{LC}} t \tag{9・11}$$

この結果を図示すると図 **9・14** が得られる．このように，共振回路では L と C の間でエネルギーの授受が行われ，電圧電流波形は持続した正弦波状となる．通常の回路では，共振周期の $2\pi\sqrt{LC}$ 以内で動作が完了するよう設定される．定電流源の電流は変化しないため共振回路に影響を与えない．このため以上の解析により，まず共振電流 i_C を求め，定電流 I_o を共振電流に重畳して考えればよい．すなわち

$$i_S = i_C + I_o \tag{9・12}$$

図 9・12 の i_S 波形はこのようにして与えられている．

次に t_2 ではコンデンサの初期電圧 $v_C = E$ が共振によって反転し $-E$ となる．これに電源電圧 E が加わり v_o の最高値は $2E$ となる．t_3 になると i_S の方向は反転し，スイッチ S に逆並列に接続したダイオード D を通じて電流は流れる．この期間中スイッチ S をオフさせる（$t_3 < t < t_4$ の期間のアミを施した i_S, i_C 電流の部分）．このため，i_S の逆方向電流が流れ終わった後の t_4 以降はスイッチに電流は流れない．共振動作としては t_4 で終了する．このとき $v_C < E$ であるため D_o はまだ通電せず，I_o で追加充電され t_5 で E まで戻り一連の動作が終了する．

t_0, t_4 の時刻の瞬間には，スイッチ電圧は $v_S = E \rightarrow 0$ または $0 \rightarrow$ 約 E に変化し

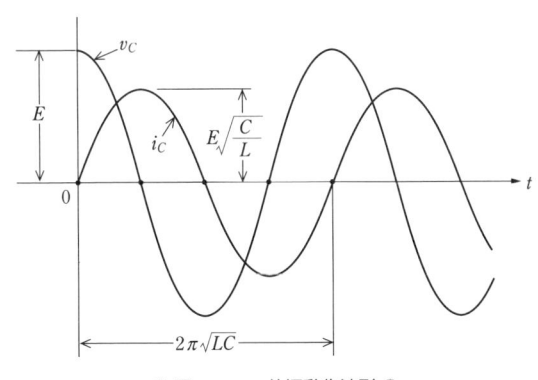

● 図 **9・14** 共振動作波形 ●

ている.一方,このときスイッチ電流は $i_S=0$ となっており,これより $p_S=v_S×i_S=0$ となり,損失の発生しないソフトスイッチングが行われていることがわかる.

出力電圧 v_o は $E-v_C$ で与える図 9・12 の波形となっており,したがって出力電圧 v_o の平均値はその中心となる破線で示した値となる.共振周波数は,ほぼ一定の $f_r=1/2\pi\sqrt{LC}$ であり,出力に電圧が現れる期間は $1/f_r$ である.出力電圧の制御は,スイッチングの繰返し周波数 f_s を変化させることで行われる.すなわち,1 周期 $1/f_s$ に占める $1/f_s$ の割合がこの場合のデューティファクタであり,これより出力電圧は次式となる.

$$V_o = \frac{f_r}{f_s} E \qquad (9\cdot13)$$

まとめ

① DC-DC コンバータには中間にトランスの入ったもの（10章）と入らないもの（9章）がある．
② スイッチのオンオフのしかたにより，外部の補助回路などがなく直接スイッチングが行われるハードスイッチングと外部に L や C の素子を補助的につけ損失やオンオフ時のノイズを軽減するソフトスイッチングがある．
③ 中間にトランスを用いない本章の DC-DC コンバータは降圧，昇圧，昇降圧に分けられ実例の少ない昇降圧を除き乗り物などの駆動用電源（電車や電気自動車など）として昇圧，降圧とも大きい容量の用途が多い．太陽電池や燃料電池の昇圧用にも用いられる．
④ ソフトスイッチングは現在多くの研究者が開発に取り組んでいる．本章のDC-DC コンバータの趣旨とは多少異なるが，電磁調理器用電源にソフトスイッチングの技術は実用化されている．その他の分野でも実用化が検討されている．

演習問題

問1 図 9·5 の昇圧チョッパ回路において，$E=100\mathrm{V}$，$L=2.5\mathrm{mH}$，$R=250\ \Omega$，$d=0.8$，$f_r=5\mathrm{kHz}$，C の値は十分大きいとする．
(1) 電圧波形 v_o，V_o 波形および各部の電流波形 i_S，i_L，i_D，負荷抵抗電流 i_R，コンデンサ電流 i_C をそれぞれ描け．また各電流を平均値で求めよ．
(2) 入出力の電力を計算せよ．

問2 図 9·8 の昇降圧チョッパにおいて，$E=100\mathrm{V}$，$R=10\ \Omega$，$d=0.5$ とする．L，C および動作周波数 f_r は十分大きく，i_S，i_D，v_o などの各期間の傾きは無視できるものとする．
(1) v_L，i_S，i_D，i_C，i_R 波形をそれぞれ計算して描け．
(2) C の損失として直列の等価抵抗が $0.5\ \Omega$ としたときの入出力の電圧，電力および C の損失はどのようになるか．

問3 図 9·11 の ZCS 形降圧チョッパ回路において，$E=50\mathrm{V}$，負荷抵抗 $R=10\ \Omega$，$C_s=0.5\ \mu\mathrm{F}$，$L=10\ \mu\mathrm{H}$ とする．出力に $40\mathrm{W}$ の電力を供給するには動作周波数をいくらにすればよいか．

10章

DC-DC コンバータの原理と特性（2）
——スイッチングレギュレータ——

スイッチングレギュレータは，中間にトランスを用いた狭い意味での DC-DC コンバータを主回路とし，出力電圧を目標の電圧にするために，この出力電圧を入力制御回路に帰還する，いわゆるフィードバック制御を行った回路をいう．

1 フォワードコンバータ

図 10·1 はフォワードコンバータ（forward converter）方式を例としたスイッチングレギュレータを示している．一般に電子機器用電源などでは，安全上の理由により交流の電源ラインから出力を直流的に絶縁する場合が多い．また巻数比を適当に選ぶことで，出力電圧の調整も容易となる．このようなことから，図のようにトランスを用いた方式のスイッチングレギュレータを用いることが多い．

フィードバック制御回路も直流的に絶縁するため，フォトカプラなどの光伝達素子を用いている．スイッチSは，**図 10·2** に示すようにオンとオフを繰り返す．回路動作は図 9·1 の降圧チョッパ回路と類似している．すなわち出力フィルタ L，

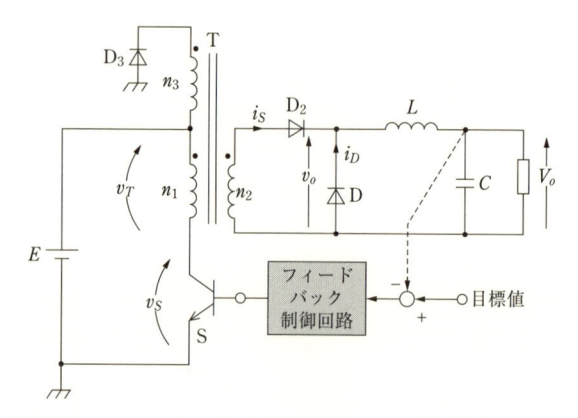

● 図 10・1　フォワードコンバータ式スイッチングレギュレータ ●

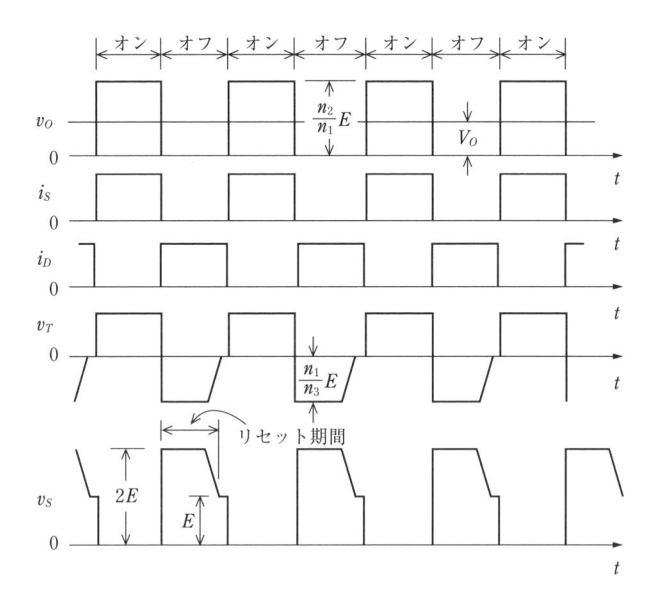

● 図 10・2　フォワードコンバータ方式の各部波形 ●

C および環流ダイオード（free wheeling diode）D の動作は変わらない．異なる点は中間にトランスを使用していることである．1kW 程度以下の中小容量では，回路の簡単化のためこのように半波整流とする場合が多い．後述のように，トランスで発生する逆起電力の過電圧化を避け電源電圧程度に抑制する場合には，デューティファクタを 0.5 以上にすることはできない．すなわち，磁束飽和を避けるためスイッチのオフ時に，トランスの磁束を元の値までもどすことが必要である．これをトランスの**リセット**（reset）と呼んでいる．

図 10・2 の v_T, v_S 波形で示すように，オフ時のスイッチング素子の端子電圧には電源電圧 E とオフ時に発生するトランス T の逆起電力 v_T が加わる．オフ時の T の電圧は種々の要因で決まる．例えば，回路中には省略しているがスナバ回路のコンデンサ容量やこれの放電抵抗の値などで決まる．あるいは図 10・1 のように 3 次巻線 n_3 により，リセット動作をさせる場合は 1 次巻数 n_1 と n_3 の巻数比の値で決まる．すなわちオフ時には，発生する T の逆起電力は n_3 を通して，$D_3 \rightarrow n_3 \rightarrow E$ の経路を通して下記のようにトランスのエネルギーを放出する．今，巻数比を $n_1 = n_3$ に選んだとしよう．このため発生するトランスの逆起電力 v_T もほぼ E となる．このとき，オフ時の期間中にトランスには逆の電圧 E が加わり元の磁束

までリセットされる．このため n_3 は，**リセット巻線**（reset winding）とも呼ばれる．この場合では，オフ時には $2E$ 程度の値が図 10·2 の v_S 波形のようにＳに印加する．リセットの終了近くになると，磁束 ϕ の変化も緩慢となる．したがって，逆起電力の変化もゆるやかとなり，図 10·2 のようにある時間を経て 0 となる．リセットが終了すると，Ｔの逆起電力も 0 となり $v_T=0$ および $v_S=E$ となる．

このように中間トランスの v_T 波形は正負で交番する方形波状の交流となり，動作形態としては，DC-AC-DC となることがわかる．

フィードバック制御回路は，出力電圧の安定化と調整のため必要である．今，もし何らかの原因で出力電圧が上昇の傾向を示した（例えば負荷電流を小さくしたような）場合，図 10·1 のようにこれを検出し，Ｓのデューティファクタ d を減少させ，出力電圧 V_o を低下のほうに向かわせる．V_o が低下の傾向の（例えば負荷電流を大きくしたような）場合は d を増加させ V_o を増加のほうに向かわせる．図 10·1 のマイナス記号は，このように逆方向動作（フィードバック）の信号を与えることを意味している．これに対し目標値のほうの制御は，V_o が直流電圧で与える目標値に追従するよう，正比例して d を変化させている．このためプラス記号となる．一般に出力は一定電圧とする用途が多い．この場合は目標となる基準電圧は一定となり，正確に測定したツェナーダイオードの電圧で基準電圧を与える．

② フライバックコンバータの動作を理解しよう

図 **10·3**, **10·4** に**フライバックコンバータ**（flyback converter）* の回路および波形を示す．トランスＴの 1 次，2 次巻線の極性が反対となるよう接続されている．スイッチＳがオンのときトランスの出力電流は流れず，Ｔに加わる印加電圧でトランスを励磁する 1 次電流のみが流れ，これにエネルギーが蓄積される．オフ時には，Ｔに発生した逆起電力によってエネルギーが 2 次側に放出する．基本的動作原理は図 9·8 の昇降圧チョッパと同様であり，トランスで絶縁した点に相違点がある．

前節のフォワードコンバータは，Ｓのオン時に出力回路に電流が流れ込む動作である．このため，L のフィルタがないと出力コンデンサを直接充電する短絡的な回路となり，電流ピーク値が過大となり素子の劣化や破損の原因ともなる．こ

---

* 古くよりテレビの水平偏向回路で類似動作をするフライバックトランスがあり，これに名称の由来がある．

2 フライバックコンバータの動作を理解しよう

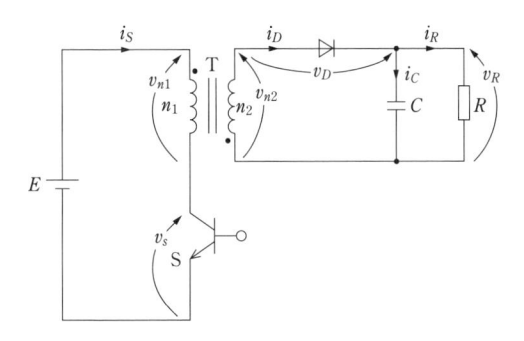

● 図 10・3　フライバックコンバータ ●

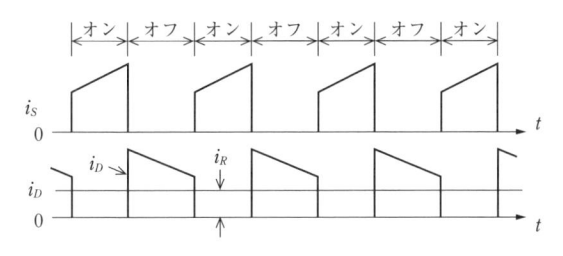

● 図 10・4　フライバックコンバータの各部波形 ●

れを防ぐため L のフィルタは必然的なものであった．一方，このフライバック方式の出力電流の動作は，電磁エネルギーとして蓄えられた T の蓄積エネルギーを放電するだけであり，この放出によるコンデンサの充電電流は電流上昇とはなりえない．このような理由により，出力フィルタの L が本質的に不要である．また 3 次巻線を設け，巻線の極性などを工夫すれば，これがスイッチ S を駆動する制御信号として利用でき，このため S の駆動用の外部制御信号が不要となる．これは **RCC**（Ringing Choke Converter）* 方式と呼び，簡単で低コストの DC-DC コンバータを得ることができる．小容量のものではこの方式が多い．

しかしながら，以上の方式では回路の動作はいったん，T にエネルギーを蓄え，次にこれを放出する形式をとるため，トランスのコアは伝送する全エネルギーの蓄積要素ともなる．このため大容量に適用するにはコアの容量を十分大きくしておく必要がある．また図 10・4 からも推察されるように，伝達しているエネルギー

---

* 動作時には T の磁束密度も高くなり，磁束変化により雑音を発生しやすい．この音を発生する（ringing）ことに名前の由来があると思われる．

は脈動したのこぎり波状であり，ピーク値は大きいが，平均すると小さい値となる．このような理由から，フライバックコンバータ方式は 100W 程度以下であり，大容量には用いられない．

この巻線方向を反対とするフライバック方式と対比して，前節の図 10·1 の巻線方向が順方向でスイッチがオンのとき，出力に電力が伝達される方式をフォワード方式と呼んでいる．

〔1〕 フライバックコンバータの計算 ■■■

図 10·3 で示すフライバックコンバータにおいて $E=150\text{V}$，T の励磁インダクタンス $L_1=1\text{mH}$，巻数 $n_1=60$，負荷抵抗 $R=25\,\Omega$ であった．$T_{on}=T_{off}$ として動作させ，T_{on} 期間に蓄えられたエネルギーを T_{off} 期間でちょうど放出させるようにしたい．出力電圧 V_o を 50V にするには，周波数 f_r および n_2 の巻数をいくらにすればよいか計算し，各波形も図示してみよう．ただし回路の各損失は無視する．

【解】 $$P_2 = P_1 = \frac{V_o^2}{R} = 100 \text{ [W]}$$

T_{on} 時：トランスに蓄えられる電磁エネルギーは

$$P_1 = \frac{1}{2} L_1 I_1^2 \cdot f_r \text{ [W]}$$

および

$$E = L_1 \frac{di}{dt} = L_1 \frac{I_1}{T_{on}} \tag{10·1}$$

これより I_1 を消去すると

$$P_1 = \frac{E^2 T_{on}^2}{2L_1} \cdot f_r = \frac{E^2 T_{on}}{4L_1}$$

$$\therefore \quad T_{on} = 17.78 \text{ [}\mu\text{s]}$$

式 (10·1) より

T_{off} 時：

$$V_o = L_2 \frac{di_2}{dt} \tag{10·2}$$

式 (10·2) において，等アンペアターンの法則*などを適用すると

$$V_o = \left(\frac{n_2}{n_1}\right)^2 L_1 \cdot \frac{(n_1/n_2) I_1}{T_{off}} = \frac{n_2}{n_1} \frac{L_1 I_1}{T_{off}}$$

---

* 回路の切換え前後において磁束が等しく，これより $n_1 I_1 = n_2 I_2$ が成立する．

2 フライバックコンバータの動作を理解しよう

したがって

$$\frac{n_2}{n_1} = \frac{V_o}{L_1 I_1} T_{\text{off}} = 0.333$$

$$\therefore \quad n_2 = 0.333 \times 60 = 20.0 \ \text{〔回〕}$$

$$I_2 = \left(\frac{n_2}{n_1}\right) I_1 = 8.02 \ \text{〔A〕}, \quad i_R = \frac{V_o}{R} = 2.0 \ \text{〔A〕}$$

$$f_r = \frac{1}{T_{\text{on}} \times 2} = 28.1 \ \text{〔kHz〕}$$

図 10·5 にこのときの波形を図示する．出力平滑コンデンサで出力電圧は平滑化される．コンデンサにはこのリプル分が充放電電流として流れ込む．

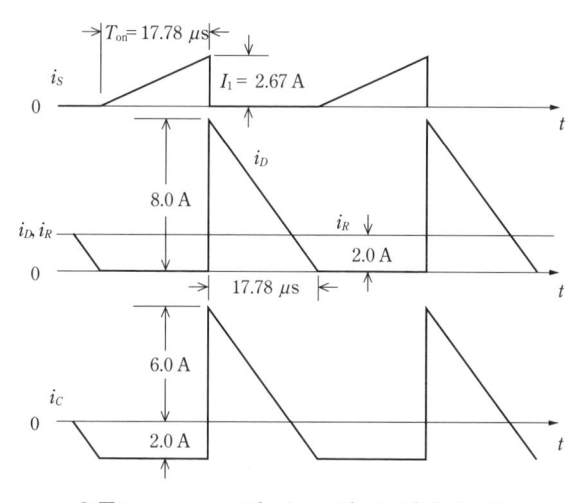

● 図 10・5　フライバックコンバータの各部波形 ●

ま と め

① 中間にトランスの入った本章の DC-DC コンバータは家電用など小容量（フォワードコンバータ 1 kW 程度まで，フライバックコンバータ 100 W 程度まで）の電源に用いられ，パソコンやテレビの直流電源として用途は広い．

② トランスが中間に入るため，電源 100 V の電圧を，5〜15 V まで大きく低下させることが容易であり，またトランスが直流的に入出力を絶縁するため，安全性が高い．このため一般の人が使用する民生用機器の電源に幅広く利用されている．

③ フォワードコンバータはフライバックコンバータと比較対照され，また区別される．このためこのように呼称されている．

④ スイッチング周波数は数 10〜数 100 kHz（MHz 級も報告されている）での高周波で用いられ，このため大幅に小型化される．しかしながら大容量的には本章の 1 石ではなく，インバータ回路に類似した 2 石または 4 石が用いられる．

演 習 問 題

問1 図 10・1 のスイッチングレギュレータ回路において，$E=140$ V，巻数比 $n_1/n_2=3/1$ とする．L，C，f_r などは十分大きく選ばれているとする．$V_o=15$ V の定電圧で動作しているときフィードバック回路を通じて設定されているデューティファクタ d はいくらか．リセットの n_3 巻線はこの主回路動作には関係しないものとする．

問2 図 10・1 において，$E=140$ V，$n_1/n_3=1$，$n_2/n_1=1/10$ とする．
オン時に加わる各巻線 n_1，n_2，n_3 の電圧 v_{n1}，v_{n2}，v_{n3}，および各ダイオード D_1，D_2，D の電圧 v_{D1}，v_{D2}，v_D はいくらになるか．
同様にオフ時についても各電圧を求めよ．

問3 図 10・3 のフライバックコンバータにおいて，$E=100$ V，$n_2/n_1=1/10$ とする．S オン時とオフ時の n_1，n_2 電圧 v_{n1}，v_{n2}，S，D 電圧 v_S，v_D，および出力電圧 v_R を求めよ．ただし C は十分大きいとし，デューティファクタ d は $d=0.5$ とする．

11 章

インバータの原理と特性（1）
── インバータの基本回路から三相回路まで ──

インバータ（inverter）には，交流電源電圧を利用してパワー半導体デバイスをオフする**他励式インバータ**（externally commutated inverter）と直流を電源として自己消弧形デバイスあるいはパワー半導体デバイスとこれをオフするための補助回路とで構成された**自励式インバータ**（self-commutated inverter）がある．通常，インバータといえば，自励式インバータのことを指す場合が多く，インバータ電車，インバータ空調機などへ広く応用され，省エネルギー技術の核心をなす電力変換装置である．

本章では，自励式インバータを中心に，その基本回路および動作原理，電圧電流電力制御法，多相化法について概説する．以降，特に説明の必要がない場合は，自励式インバータを単にインバータと呼ぶことにする．

1 直流から交流を作るにはどうすればよいか

直流電源には電圧源と電流源がある．まず，電圧源の場合を考えよう．直流電圧から原理的にエネルギー損失なしで交流電圧を得るには，図 11·1 (a) の電圧形インバータ基本回路において同図 (c) に示すように，スイッチにより一定周期 T で直流電圧を切り換えればよい．このとき出力周波数 f は $1/T$ である．この場合，出力電圧波形は正弦波ではなく方形波となる．したがって，出力電圧には多くの高調波が含まれる．このとき，時間の原点を方形波の立ち上がり時点にとると，出力電圧 v のフーリエ級数展開は式 (2·15) から次式で表される．

$$v = \frac{4V_s}{\pi}\left(\sin\omega t + \frac{1}{3}\sin 3\omega t + \frac{1}{5}\sin 5\omega t + \frac{1}{7}\sin 7\omega t + \cdots\right) \quad (11\cdot1)$$

ただし，$\omega=2\pi f$ は電源角周波数である．この結果，出力電流 i も正弦波ではなくなる（図は LR 直列回路負荷の場合の波形）．ここで，正弦波形の電圧・電流を得るにはどうするかが気になるところであるが，これを実現する方法については後に説明することとして，しばらく方形波のまま話を進める．

11章 インバータの原理と特性（1）

図 11·1 (a) のインバータは，直流電源が電圧源であるので**電圧形インバータ**（voltage source inverter）と呼ばれている．これに対して，同図 (b) に示すように，電流源を直流電源とするインバータもある．このインバータは**電流形インバータ**（current source inverter）と呼ばれているが，電圧形インバータのほうが主流であるので，後節で単相の電流形インバータについて簡単に紹介するのみとする．しばらく，電圧形インバータの基本動作と特徴について考えてみよう．

電圧源の場合は電源の短絡は許されないので，上下のスイッチ対 S_1 と S_2 および S_3 と S_4 は同時にはオンできない．また同図に示すように，負荷に直列にインダクタンスが存在する場合には，出力電流が連続に保たれるため，同時にはオフできない．したがって，上下のスイッチ対は交互にオンオフされる．

負荷として，LR 直列回路を接続した場合のインバータの動作波形を図 11·1 (c) に示す．同図に示すようにスイッチをオンオフすると，出力電圧 v は方形波になり，出力電流 i はインダクタンスのために応答が遅れ，指数関数的に変化する連

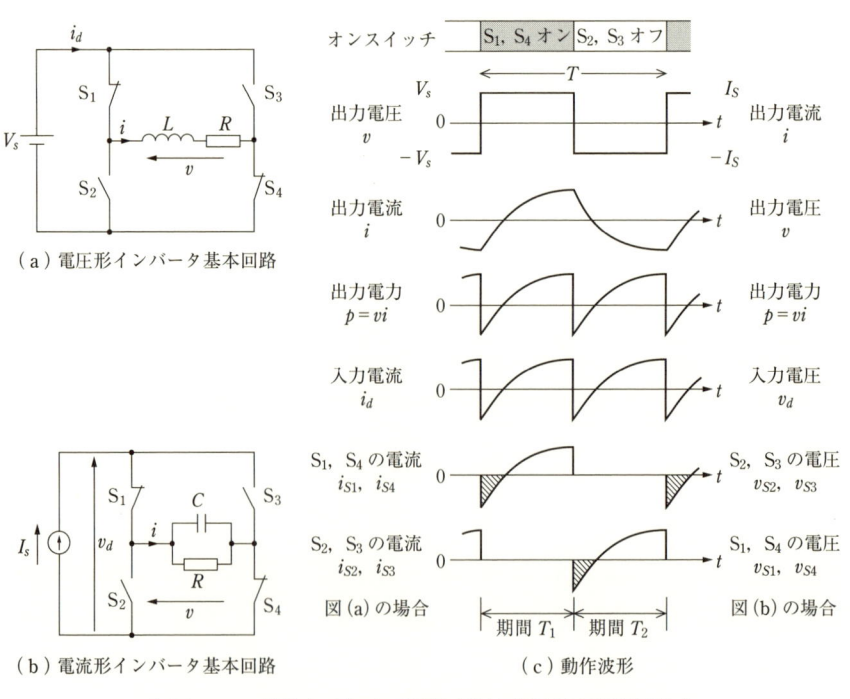

● 図 11·1　単相インバータの原理（基本回路とその動作波形）●

続な波形となる．このときの入力電流 i_d を見てみると，S_1, S_4 オンの期間 T_1 では $i_d=i$，S_2, S_3 オンの期間 T_2 では $i_d=-i$ となっている．出力電力の瞬時値 p は，$p=vi$ より

$$p = \begin{bmatrix} V_s i & (期間\ T_1) \\ -V_s i & (期間\ T_2) \end{bmatrix} = (直流電圧\ v_s) \times (入力電流\ i_d) \qquad (11\cdot2)$$

となり，入力電流波形は出力電力波形と相似になる．ここで，各期間の初期において，$i_d<0$ すなわち $p<0$ となる期間が存在する．このとき，スイッチには下から上方向に電流が流れ，インダクタンス L に蓄積されたエネルギーの一部が電源に帰還される．

ここで，負荷によってインバータの出力電流波形がどのように変化するのか見てみよう．

① R 負荷：この場合，**図 11・2**（b）に示すように，出力電流波形は出力電圧波形と同じ方形波となる．

② LR 直列負荷：インダクタンス L が基本波より高調波に対してインピーダンスが高いため，図 11・1（c）のように出力電流波形のひずみが出力電圧より小さくなっている．

③ CR 直列回路：この場合，図 11・2（c）に示すように，出力電流は出力電圧

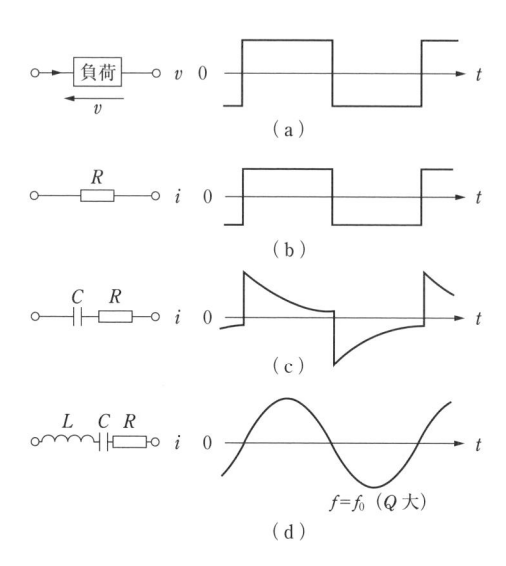

● 図 11・2 　R, CR, LCR 負荷における単相電圧形インバータ出力電流波形 ●

の立ち上がり，立ち下がり時点で急変し，波形ひずみが出力電圧より大きくなる．

以上の結果より，電圧形インバータの場合は，負荷に直列にインダクタンスが存在するほうが望ましいことがわかる．

④ LCR 直列回路：この回路の場合，Q ファクタ（$=\omega_0 L/R$；$\omega_0 = 1/\sqrt{LC}$）が1より十分大きく，出力周波数 f が固有周波数 f_0（$=\omega_0/2\pi$）に近いとき出力電流は振動的になり，波形は正弦波に近くなる．出力電圧に対する出力電流の位相は，f と f_0 との大小関係により変化するが，図 11·2（d）に示すように，$f=f_0$ の場合に位相が一致する．このときちょうど，出力電流がゼロの時点でスイッチングが行われる（**ゼロ電流スイッチング**（zero current switching））．この動作条件は，実際の回路でスイッチとして用いられるパワー半導体デバイスの**スイッチング損失**を低減できるという点で重要である．

⑤ その他の回路：負荷回路として，出力端子に並列にリアクトル L またはコンデンサ C を接続する場合も考えられるが，電圧形インバータでは並列の C は許されない．なぜならば，コンデンサの端子電圧を急峻に変化させるとコンデンサとスイッチに過大な電流が流れるからである．

② 理想スイッチを実際のパワー半導体デバイスで置き換えよう

ここでは，図 11·1（a）のスイッチ $S_1 \sim S_4$ を実際のパワー半導体デバイス（パワートランジスタ，ダイオード，サイリスタなど）で構成する場合の留意点と実際の単相インバータ回路について説明する．

〔1〕 単相電圧形インバータ ■■■

図 11·1（a）の基本回路および（c）の動作波形より，電圧形インバータのスイッチに要求される条件は次の通りである．

① スイッチには双方向（正負）の電流が流れる．
② スイッチに印加される電圧は一方向（ゼロまたは上側正）である．

一般のパワー半導体デバイスは，単体では順方向の電流は流すが逆方向の電流を流すことができない．したがって，図 11·1（a）のスイッチは**図 11·3**（a）に示すようにオンオフ制御能力を持つパワー半導体デバイス（図ではパワートランジスタ）と逆方向に接続されたダイオードで構成される．

図 11·3（a）の回路では，同図（b）に示すように，入力電流 $i_d > 0$（$p > 0$）の

2 理想スイッチを実際のパワー半導体デバイスで置き換えよう

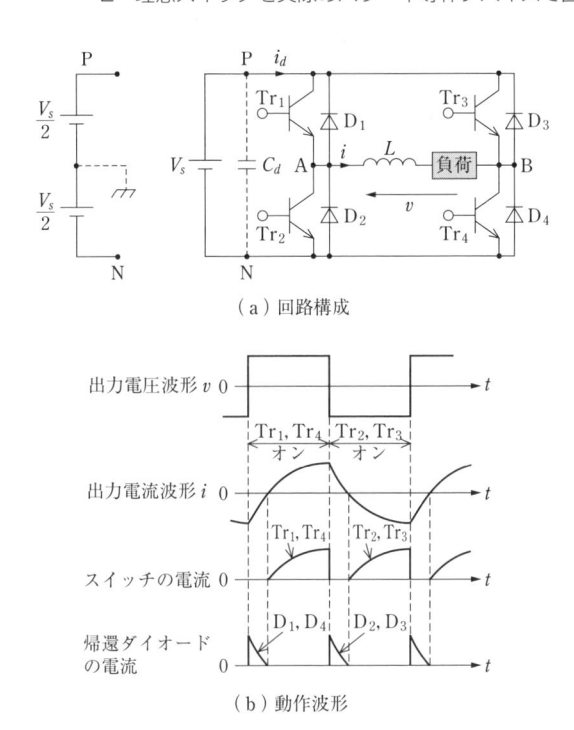

(a) 回路構成

(b) 動作波形

● 図 11・3　単相電圧形インバータ回路構成とその動作波形 ●

とき（図 11・1 (c) において，$S_1 \sim S_4$ の電流が正の場合に対応），トランジスタ Tr_1，Tr_4 または Tr_2，Tr_3 に電流が流れ，$i_d < 0$（$p < 0$）のとき（図 11・1 (c)）において，$S_1 \sim S_4$ の電流波形にハッチがされている部分），ダイオード D_1，D_4 または D_2，D_3 に電流が流れる．後者の $i_d < 0$ のとき，負荷のエネルギーが電源に帰還する道がダイオード $D_1 \sim D_4$ により確保されることから，このダイオードは**帰還ダイオード**（feed-back diode）と呼ばれる．また，スイッチが切り換わる時点で，入力電流 i_d が急峻に変化するので，直流電源には高周波インピーダンスが十分小さいことが要求される．したがって通常，直流電源には周波数特性がよいコンデンサ C_d が接続される．

なお，電圧形インバータが開発された初期には，大容量（高電圧，大電流）のトランジスタを容易に手に入れることができず，自己消弧能力がないサイリスタが用いられた．この場合には，サイリスタを消弧（オフ）させるための補助回路が必要である．この回路の代表的なものに，1961 年に発表された**補助インパルス**

転流インバータ(auxiliary inpulse commutated inverter)，通称マクマレーインバータ（McMurray inverter）がある．しかし，高性能な自己消弧形パワー半導体デバイス（パワートランジスタ，パワー MOSFET，GTO サイリスタ，IGBT など）の開発により，この回路はほとんど使用されなくなった．このインバータについての詳しい説明はここでは省くが，興味のある読者は参考図書[1]を参照されたい．

〔2〕 単相電流形インバータ ■■■

これまで単相電圧形インバータを基に話を進めてきたが，ここでは単相電流形インバータについて簡単に説明しよう．

単相電流形インバータの基本回路は図 11・1（b）に示した．電流源の場合は開放は許されないので，上部のスイッチ対 S_1 と S_3 および S_2 と S_4 は同時にはオフできない．電源が電流源のため，スイッチのオンオフにより，出力電流波形は方形波となる．負荷として RC 並列回路を接続した場合の動作波形を同図（c）に示す．出力電圧は並列のコンデンサのため応答が遅れ，緩やかに変化する連続な波形となる．電圧形インバータの動作波形と比較すると，電流形インバータは電圧形インバータと双対な回路であることがわかる．電流形インバータの場合は，直流電流源により電流が一方向に一定に保たれるので，入力電圧波形が出力電力波形と相似になる．ここで，各期間の初期において，$v_d<0$ すなわち $p<0$ となる期間が存在し，負荷のコンデンサ C に蓄積されたエネルギーの一部が電源に帰還される（電流源の電圧が負になる）．このときスイッチには逆電圧が印加される．

以上により，電流形インバータのスイッチに要求される条件は次の通りである．
① スイッチには一方向（ゼロまたは正）の電流が流れる．
② スイッチに印加される電圧は双方向（正負）である．

一般のパワー半導体デバイスは，単体では逆耐圧を有しておらず，逆方向の電圧を印加することができない．現在，逆方向の耐圧を有してスイッチング速度が比較的速いパワー半導体デバイスの製作は可能であるが，逆耐圧がない素子に比べて特性上不利なためあまり製造されない．したがって，図 11・1（b）のスイッチ $S_1 \sim S_4$ は**図 11・4**に示すように，自己消弧形デバイスと直列に接続されたダイオードで実現される．図 11・1（b）の基本回路では，負荷が RC 並列回路の場合を示したが，実際の回路では，負荷にインダクタンス成分が含まれる場合が多く，出力端子に並列に接続されたコンデンサが出力電流 i の急峻な変化に対して過渡電圧（サージ電圧）の発生を防止する役目をする．

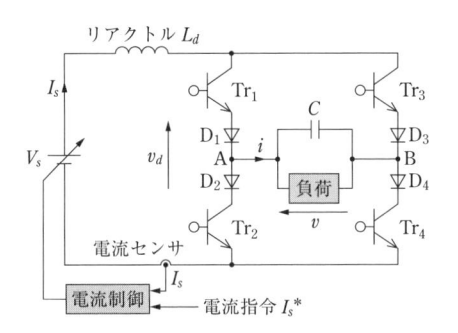

● 図 11・4　単相電流形インバータの回路構成 ●

　また，図 11・1 (b) の基本回路で示した直流電流源は，実際の電流形インバータ回路では，図 11・4 に示すように，可変電圧の電源に直列リアクトル L_d を接続した回路を用いて電流フィードバック制御により実現される．この可変電圧電源としては，通常，7 章の他励式順変換器あるいは次章の自励式順変換器が用いられる．

3　インバータ出力電圧をどのようにして制御すればよいか

　負荷へ供給する電力を制御するために出力電圧の制御が要求される場合が多い．電圧の制御には，直流電源電圧を制御する方式（電源電圧制御法）と，スイッチのオンオフ期間を制御する方式（パルス幅制御法）がある．

〔**1**〕　**電源電圧制御法**

　電圧形インバータの出力電圧は直流電源電圧に比例する．したがって，電源電圧を可変にすれば出力電圧が変えられる．この方法は，電圧制御用の直流電源が必要ではあるが，出力電圧の**高調波含有率**（基本波成分の大きさに対する各周波数成分の大きさの比）が出力電圧に依存しないという特徴がある．

　可変電圧直流電源としては，前述のチョッパ，**他励式順変換器**（位相制御整流器），あるいは後述の**自励式順変換器**（自励式整流器）が用いられる．

〔**2**〕　**パルス幅制御法**

　図 11・3 の電圧形インバータにおいて，トランジスタスイッチ Tr_1, Tr_2 の上下ペアと Tr_3, Tr_4 の上下ペアのオンオフの時点を，**図 11・5** に示すように T_α ずらすと，出力電圧の幅（パルス幅）が電圧が正の期間，電圧が負の期間ともに $(T/2 - T_\alpha)$ になる．先に示した図 11・1 (c) の動作波形は，$T_\alpha = 0$ の場合である．出力

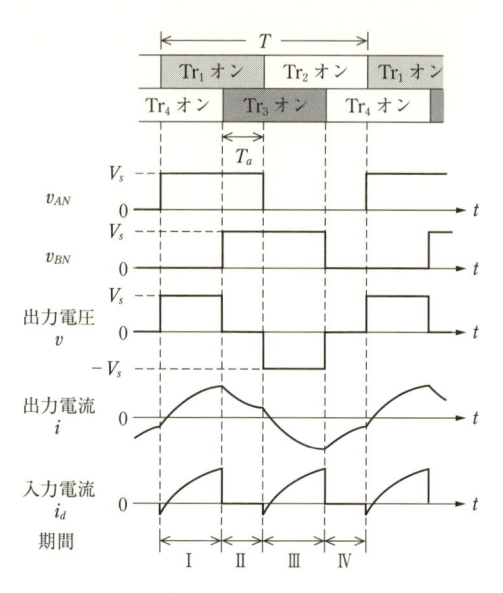

● 図11・5　パルス幅制御方式による出力電圧制御法（**LR** 負荷）●

電圧の実効値 V および基本波実効値 V_1 は次式で表される．

$$V = \sqrt{1 - \frac{2T_\alpha}{T}}\, V_s \tag{11・3}$$

$$V_1 = \frac{2\sqrt{2}}{\pi}\left[\sin\frac{\pi}{2}\left(1 - \frac{2T_\alpha}{T}\right)\right]V_s \tag{11・4}$$

ここで，入力電流波形を見てみると，Tr_1（D_1）および Tr_4（D_4）オンの期間Ⅰと Tr_2（D_2）および Tr_3（D_3）オンの期間Ⅲでは入力電流 i_d が流れている．しかし，期間Ⅱと期間Ⅳでは，負荷電流がトランジスタとダイオードを通して環流し，負荷が短絡されて出力電圧 v はゼロ，入力電流 i_d もゼロとなる．この動作モードは，**環流モード**（freewheeling mode or circulation mode）と呼ばれている．

このように，負荷を短絡して入力からの電力供給を中断する期間を設けることにより出力電圧を調節する手法が**パルス幅制御法**（pulse width control method）である．

この方法は，出力電圧制御をインバータ自身が行うので電圧制御用の直流電源が必要ないが，高調波含有率が出力電圧によって大きく変化する．

4 インバータを多相化するにはどうすればよいか

前節の 3 では，2 組の上下スイッチ対のオンオフの位相をずらすことにより出力電圧のパルス幅が変えられることを示した．インバータの出力を多相化するにはこの手法を利用する．ここでは，代表的な多相インバータである**三相電圧形インバータ**（three-phase voltage source inverter）について説明する．

三相電圧形インバータは，**図 11·6**（a）に示すように，3 組の上下スイッチ対を設け，互いに 120°位相をずらしてオンオフさせる．この結果，同図（b）に示すように，電源の仮想中性点 o から見たインバータ出力相電圧の波形 v_{uo}, v_{vo}, v_{wo} は 180°通電の方形波となるが，線間電圧の波形 v_{uv}, v_{vw}, v_{wu} は 120°通電の方形波となる．

また，電源の仮想中性点（仮想接地点）o から見た負荷の中性点 n の電位（中性点電圧）v_{no} はゼロにならない．これは，式（11·1）のフーリエ級数からわかるように，v_{uo}, v_{vo}, v_{wo} には零相成分である $3k$ 次高調波電圧（$k=1,3,5,\cdots$）が含まれるためである．負荷の中性点が非接地のとき負荷電流 i_u, i_v, i_w の和はゼロであるので，各相の負荷のインピーダンスが等しい場合（平衡負荷），v_{no} は v_{uo}, v_{vo}, v_{wo} の平均値となる．したがって

$$v_{no} = \frac{v_{uo} + v_{vo} + v_{wo}}{3} \tag{11·5}$$

となる．図 11·6（b）の v_{no} の波形は，インバータ出力相電圧 v_{uo}, v_{vo}, v_{wo} の波形から式（11·5）によって求めたものである．負荷の相電圧 v_{un}, v_{vn}, v_{wn} はそれぞれ，v_{uo}, v_{vo}, v_{wo} から中性点電圧 v_{no} を引いて求められる．この結果，インバータ出力相電圧と負荷相電圧の波形が異なる．

負荷が RL 直列回路の場合の出力電流の一例を図 11·6（b）の下部に示す．インバータの入力電流 i_d は，図 11·6（a）の上側 3 個のスイッチ Tr_1（D_1），Tr_3（D_3），Tr_5（D_5）あるいは下側の Tr_2（D_2），Tr_4（D_4），Tr_6（D_6）の内，1 個のみオンしているスイッチの電流をつなぎ合わせたものとなる．例えば，図 11·6 のモード番号②の期間においては，上側で Tr_1（D_1）のみがオンしているので，$i_d = i_u$ となっている．インバータのスイッチは 1 周期で 6 回切り換わっているが，平衡負荷の場合には，入力側から見て 6 回とも同じ回路となるので，入力電流波形は 1 周期 6 回同じ波形を繰り返し，出力周波数の 6 倍の周波数で脈動する．

11章 インバータの原理と特性（1）

(a) 三相電圧形インバータ回路

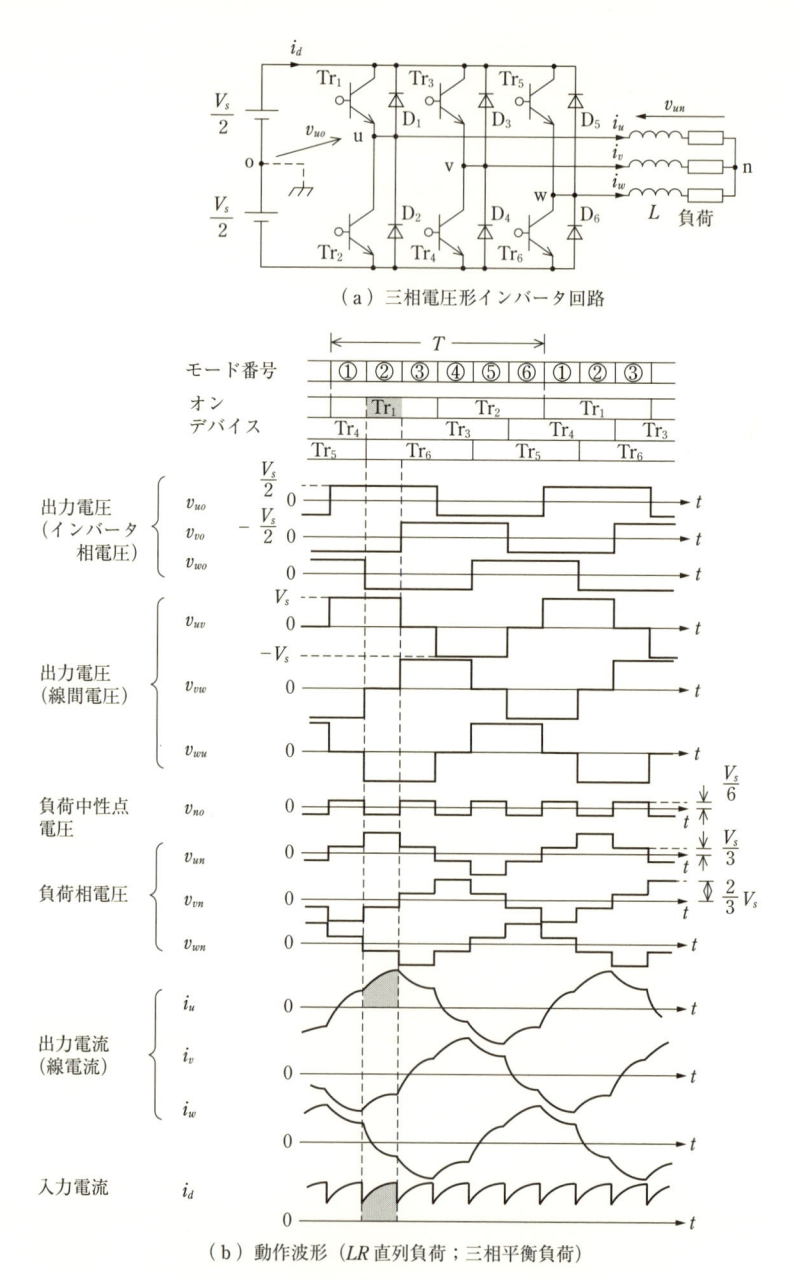

(b) 動作波形（LR 直列負荷；三相平衡負荷）

● 図 11・6　三相電圧形インバータとその動作波形 ●

ま と め

① 電圧形インバータでは，交流側負荷には直列にインダクタンスが存在するのが望ましく，直流入力側（電圧源）を短絡しないように，また交流出力側（負荷）を開放しないように，逆並列にダイオードを接続されたパワー半導体デバイスによりスイッチングが行われる．
② 電圧形インバータでは，直流側入力電流波形は出力瞬時電力波形と相似になる．
③ 電流形インバータでは，交流側負荷には並列にコンデンサが接続され，直流入力側（電流源）を開放しないように，また交流出力側（負荷）を短絡しないように，逆耐圧を有する（通常は直列にダイオードを接続）パワー半導体デバイスによりスイッチングが行われる．
④ 電流形インバータでは，直流側入力電圧波形は出力瞬時電力波形と相似になる．
⑤ 電圧形インバータの出力電圧制御には，直流電源電圧を変化させる方法と，スイッチングのオンオフ時間比で行う（パルス幅制御法）がある．
⑥ 三相インバータは，パルス幅制御法を応用して実現される．

演 習 問 題

問1 図 11·1 (a) の単相電圧形インバータの負荷が LR 直列回路，CR 直列回路のそれぞれの場合について，出力電流の定常解を求めよ．また，回路の時定数が $T/10$，$T/2$，$2T$ のそれぞれの場合について，出力電流波形を描け．

問2 三相電圧形インバータの負荷が LR 直列回路として，式 (11·5) を導出せよ．

問3 図 11·6 (b) の三相電圧形インバータ動作波形に関して，以下の問いに答えよ．ただし，時間の原点を Tr_1 オンの始めとする．
  (1) v_{un} のフーリエ級数を求め，3次高調波が含まれていないことを確認せよ．
  (2) v_{no} のフーリエ級数を求め，これが v_{uo} に含まれる $3k$ 次（$k=1, 3, 5, \cdots$）高調波成分を集めたものであることを確認せよ．

問4 単相電圧形インバータに図 11·2 に示す LCR 直列回路を接続したとき，$f = f_0$ の場合に電流波形が正弦波状になるのはなぜか．

12章

インバータの原理と特性 (2)
――出力波形の改善と三相インバータの応用――

　前章では,インバータの基本回路から三相回路までを概説した.インバータは,今や省エネルギー技術の基幹技術として,電車,自動車,工場,オフィスビル,家庭などに広く利用されている.
　本章では,最初に単相インバータにより出力波形改善法を説明し,次にインバータの普及を支えた三相インバータを中心に,自励式整流器としての利用法,モータ制御電源への応用例を中心に概説する.

1 出力波形を正弦波に近づけるにはどうすればよいか

　インバータは,基本的にはスイッチング動作を行うので,電圧形インバータの場合は出力電圧波形,電流形インバータの場合は出力電流波形はパルス状になる.しかし,リアクトル,コンデンサ,変圧器等を利用して,**パルス幅変調制御**(PWM制御:Pulse Width Modulation control),**多重接続,多レベル化**により出力電流波形あるいは出力電圧波形を正弦波に近づけることができる.

〔1〕 直流チョッパの時間比制御の手法を応用する
　　　　――正弦波 PWM 制御法――

　直流チョッパの出力電圧の平均値は,**デューティファクタ制御**(duty factor control)により変えることができる.したがって,図 11·3 に示したインバータ回路を出力電圧,電流ともに正負にできる 4 象限チョッパと見なし,負荷に直列にインダクタンス成分が存在するという条件の下で,デューティファクタを正弦波状に変化させれば,出力電圧のパルス幅は正弦波状に変調され,出力電流波形はほぼ正弦波になる.これを**正弦波 PWM 制御**(sinusoidal PWM control)と呼ぶ.また,PWM 制御されるインバータを **PWM インバータ**(PWM inverter)と呼ぶ.

(a) 単相電圧形 PWM インバータ

　単相電圧形インバータの PWM 制御法を図 **12·1** に示す.正弦波指令値 $v_r(-v_r)$

1 出力波形を正弦波に近づけるにはどうすればよいか

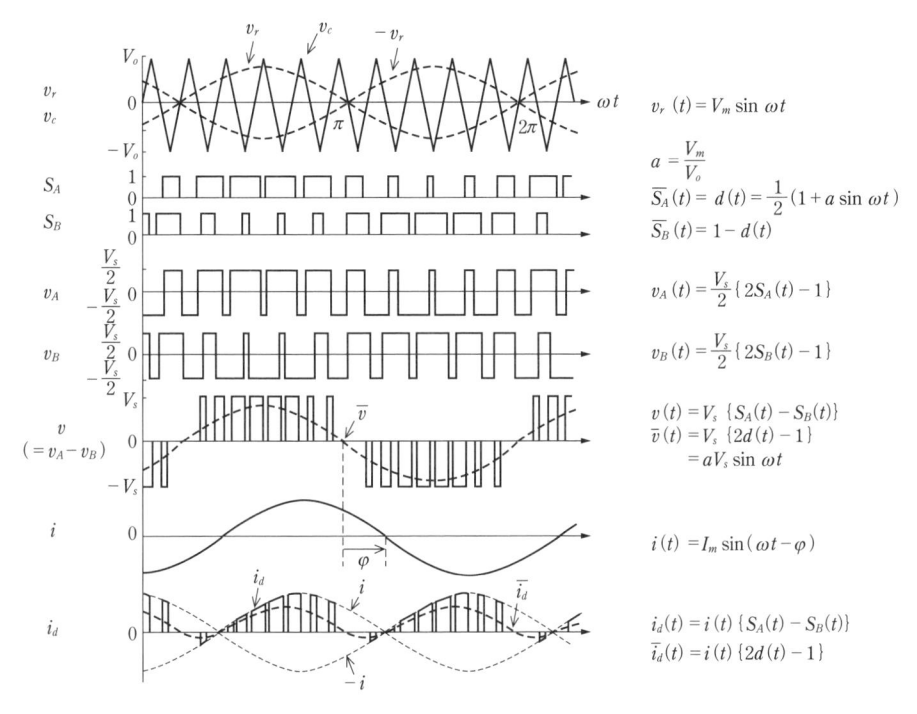

● 図 12・1 単相電圧形 PWM インバータの動作波形 $(\omega_c/\omega=9,\ a=8)$ ●

と三角波キャリヤ信号 v_c を比較し，$v_r \geqq v_c$（$-v_r \geqq v_c$）で Tr_1（Tr_3）をオン，$v_r < v_c$（$-v_r < v_c$）で Tr_2（Tr_4）をオンとする．この結果，インバータ出力電圧 v は PWM 波形となる．また，$a=$（正弦波指令値の振幅 V_m）/（キャリヤの振幅 V_0）を**変調率**（modulation factor）と呼ぶ．

図 11・3 の左側上下スイッチ対 A 点の正弦波 PWM 電圧 v_A（電源電圧 V_S の中点を電圧の基準とする）の周波数スペクトルを**図 12・2** に示す[1]．ここで，ω は指令値 v_r の角周波数，ω_c はキャリヤ信号の角周波数である．図に示されるように，正弦波 PWM 波形の高調波成分は，キャリヤ信号の周波数およびその n 次高調波の周波数の近傍に存在する．また，インバータの右側上下スイッチ対では，同じキャリヤ信号と逆位相の基準電圧 $-v_r$ により PWM 信号が作成されており，出力電圧 v は v_A に比べてオンオフ制御周期が短い（等価的なオンオフ周波数が高い）PWM 波形になっている．出力電圧 v の周波数スペクトルを図 12・2（b）に示す．n が奇数の場合の高調波成分が打ち消され，低い周波数の高調波成分がなくなっ

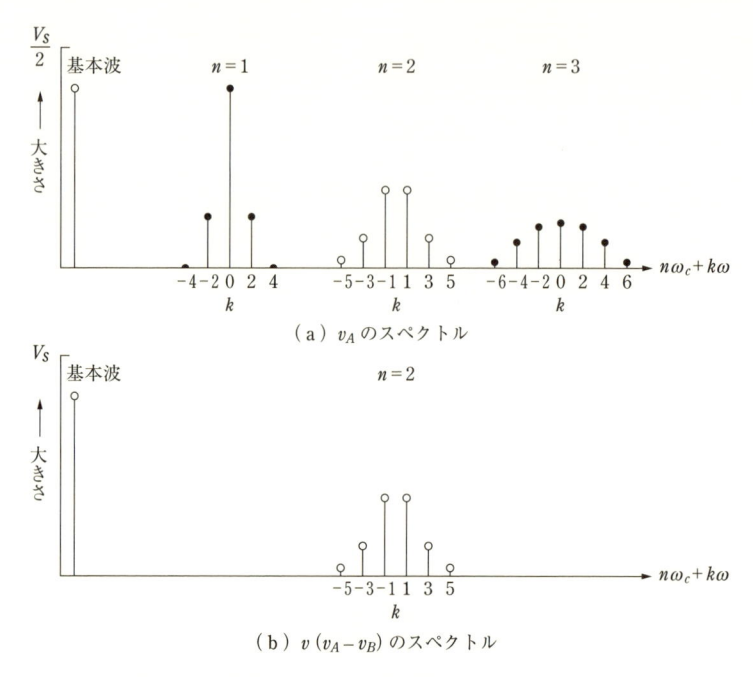

12章 インバータの原理と特性（2）

(a) v_A のスペクトル

(b) $v(v_A - v_B)$ のスペクトル

● 図 12・2 単相電圧形 PWM インバータの出力電圧のスペクトル（$\omega_c/\omega = 15$, $a = 0.8$）●

ている．正弦波 PWM 制御では，キャリヤ周波数（すなわち，スイッチング周波数）を高くすれば，インダクタンスの働きにより，出力電流波形は脈動（リプル）の小さい滑らかな正弦波になる．

ここで，**図 12・3** に示すように，キャリヤ半周期（$T/2$）ごとに平均をとる**区間平均**（interval averaging：図の○印）により，電圧，電流波形のリプルを無視した（図のアミの部分のでこぼこをならした）低周波成分の関数（$\bar{S}_A$, $\bar{S}_B$, $\bar{v}$, $\bar{i}_d$）を定義し，正弦波 PWM 制御時のインバータ入出力関係について考察する．図 12・1 より，電圧指令値は次式で表される．

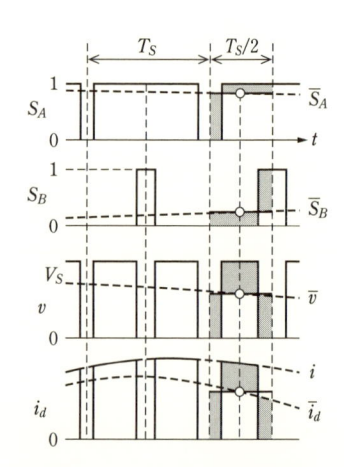

● 図 12・3 オンオフ信号の区間平均値（低周波成分）の時間関数の定義 ●

1 出力波形を正弦波に近づけるにはどうすればよいか

$$v_r(t) = V_m \sin \omega t \tag{12・1}$$

キャリヤ周波数 f_c が出力周波数 f より十分高いとすると，スイッチのオンオフの時間比（デューティファクタ）を時間的に連続な量（時間関数）と見なすことができる．図12・1のスイッチング波形 S_A の区間平均の関数 $\bar{S}_A(t)$ はデューティファクタとなるので，これを $d(t)$ で表すと $\bar{S}_A(t)$ は次式で表される（ただし，$V_0 \geq V_m$）．

$$\bar{S}_A(t) = d(t) = (1 + a \sin \omega t)/2, \quad (a = V_m/V_0) \tag{12・2}$$

したがって，$\bar{S}_B(t) = 1 - d(t)$ を考慮すると，出力電圧の区間平均の関数 $\bar{v}$ は

$$\begin{aligned}\bar{v}(t) &= \bar{v}_A(t) - \bar{v}_B(t) = V_S \{\bar{S}_A(t) - \bar{S}_B(t)\} = (V_S/2)\{2d(t) - 1\} \\ &= aV_S \sin \omega t\end{aligned} \tag{12・3}$$

となる．式（12・3）より，出力電圧は変調率 a で制御できることがわかる．

インバータ入力電流の区間平均の関数 $\bar{i}_d$ も同様に求められる．インバータの出力電流のリプルが無視できるほど小さいとすると，出力電流は次式で表される．

$$i(t) = I_m \sin(\omega t + \phi) \tag{12・4}$$

これより，$\bar{i}_d$ は次のように求められる．

$$\begin{aligned}\bar{i}_d(t) &= i(t)\{\bar{S}_A(t) - \bar{S}_B(t)\} = i(t)\{2d(t) - 1\} \\ &= aI_m \sin \omega t \cdot \sin(\omega t + \phi) \\ &= (1/2)aI_m \{\cos \phi - \cos(2\omega t + \phi)\}\end{aligned} \tag{12・5}$$

この結果から，入力電流の区間平均の関数は，単相正弦波電源の場合の瞬時電力と同様に，負荷の力率 $\cos \phi$ に比例した直流成分（平均値）と出力周波数の2倍の周波数で脈動する成分の和になっていることがわかる．

（b） 三相PWMインバータ

三相インバータの場合は，図12・1の v_r と $-v_r$ の代わりに，三相正弦波電圧指令値 v_{ur}，v_{vr}，v_{wr} により三相PWM信号を得，三相PWM電圧を出力する．ここで，負荷が三相平衡負荷（電流振幅：I_m）の場合には，インバータの入力電流の区間平均の関数は

$$\bar{i}_d(t) = (3/4)aI_m \cos \phi \tag{12・6}$$

となる（章末の演習問題問1参照）．このとき，入力電流には低周波の脈動がなく一定で，その値は負荷の力率 $\cos \phi$ に比例する．

また，交流負荷側に電力の発生源があり，電力が流れる方向が逆転して $\cos \phi < 0$ となった場合には，$\bar{i}_d < 0$ となって負荷の電力が直流側に返される．この性質

は，インバータが**自励式順変換器**（self-commutated rectifier）としても利用できることを示している．

電流形インバータにおいても，出力側に並列にコンデンサが接続されていることを前提に，出力電流を正弦波 PWM 制御することにより，出力電圧波形をほぼ正弦波にすることができる．詳しくは参考図書 [1] を参照されたい．

〔2〕 **直流電源を複数個用意して出力電圧のレベル数を増やす**
　　　　——**多レベルインバータ**——　■■■

出力電圧が異なる直流電源を複数個用意（多レベル化）して，その電圧を順次切り換えることにより出力電圧を改善したインバータ（多レベルインバータ）がある．その代表的なものは**図 12·4**(a)に示す **3 レベルインバータ**（3 level inverter）である．等しい電圧（$+V_s/2$）の直流電源を 2 個用意し直列に接続する．図は単相出力のインバータで，左側と右側の上中下 4 個のトランジスタスイッチの切り換えにより，同図 (b) の等価回路で示すように原理的には左右それぞれ 3 個のスイッチの切り換えで表される動作が行われ，A 点の電圧 v_A，B 点の電圧 v_B ともにそれぞれ $+V_s/2$，0 および $-V_s/2$ の 3 レベルの電圧となる．ここで，同図 (b) の等価回路のスイッチ接点に付された数字は同図 (a) のオンするトランジスタ番号

(a) 3 レベルインバータ回路

(b) 3 レベルインバータ等価回路

(c) 動作波形（PWM 制御なし）

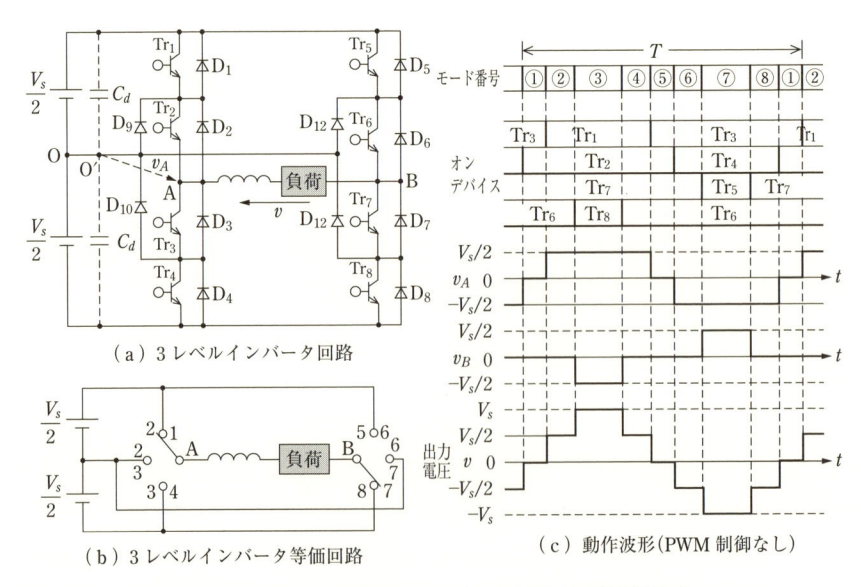

● 図 12·4　3 レベル電圧形インバータ回路とその動作波形 ●

に対応する．その結果，出力電圧 $v(=v_A-v_B)$ は5レベルの電圧となり（図12·4 (c)），図11·3に示した通常の電圧形インバータ（2レベルインバータ）に比べて，電圧のステップ変化幅は1/2になり，さらに切り換え時点の位相を工夫することにより，低次の高調波を効果的に低減できる．図12·4（c）の動作波形は方形波出力の場合の一例であるが，通常は正弦波PWM制御される（3レベルPWMインバータ）ので，2レベルPWMインバータの場合（図12·1）より電圧・電流の高調波の含有量ははるかに少なくなる．

一方，トランジスタスイッチに印加される電圧を見てみると，例えば，Tr_1, Tr_2 に最大電圧が印加されるのは，図12·4（c）のモード番号⑥〜⑧の期間で，そのときダイオード D_9 が順バイアスされて Tr_1, Tr_2 には $V_s/2$ が印加される．この結果，3レベルインバータのデバイス最大電圧は，2レベルインバータの場合（V_s）の半分となるため，3レベルインバータは高電圧出力を得るのに有利な回路構成である．

〔3〕 重ね合わせによって低次の高調波を打ち消す──多重接続法──

低次高調波の位相をずらした複数のインバータの出力電圧（または電流）を，変圧器あるいは中間タップ付きリアクトルを用いて重ね合わせることにより高調波を打ち消し，出力電圧（または電流）波形を改善することができる．この方法は直列多重接続と並列多重接続に大別されるが，インバータの回路構成，容量，用途に応じて種々の接続法がある．詳しくは参考図書[1]を参照されたい．

② インバータの入出力を逆にして利用してみよう（自励式PWM整流器の実現）

7, 8章のサイリスタコンバータ（他励式変換器）では，交流電源から可変電圧の直流電圧を得る方法について説明した．しかし，入力電流に多くの高調波成分が含まれ，入力力率が悪いことが問題であった．そこで，インバータの電力の流れが双方向であり，正弦波PWM制御により交流出力電流のひずみを小さくできる点に注目すれば，正弦波PWMインバータを入力電流ひずみが少なく，高入力力率の **PWM整流器**（PWM rectifier）としても利用できることがわかるであろう．ただし，順変換器として用いる場合は，次の点に留意する必要がある．

① 交流入力周波数が交流電源と同一である（商用電源の場合は50または60 Hz）．

② 交流入力電圧および交流入力電流は交流電源電圧に同期させる必要がある．

③ 交流電源から見た力率は，1あるいは必要に応じて可変である（可制御）．
④ 直流出力電圧または電流を所望の値に制御する必要がある．

図12・5に電圧形PWM整流器の主回路を，**図12・6**にPWM整流器入力電圧の基本波成分および高調波成分に関する等価回路を，**図12・7**に交流側の電圧・電流ベクトル図を示す．ここでは簡単のため，リアクトルの抵抗は無視されている．図12・7（a）より，入力電流ベクトルの基本波成分は

$$\dot{I}_{S1} = \frac{\dot{V}_S - \dot{V}_{i1}}{jX_S} \qquad (X_S = \omega L_S) \tag{12・7}$$

となるので，$\bar{V}_S$ を $\dot{V}_S$ とは複素共役な電圧とすると，複素表示の入力電力 $\dot{P} = \bar{V}_S \dot{I}_{S1}$ から，有効電力 P_e および無効電力 P_r は次式のように得られる．

$$P_e = \frac{\bar{V}_S V_{i1}}{X_S} \sin \delta_C \tag{12・8}$$

$$P_r = \frac{V_S(V_{i1} \cos \delta_C - V_S)}{X_S} \tag{12・9}$$

この結果より，有効電力は主として V_S と V_{i1} の位相差（**相差角**）δ_C により，無

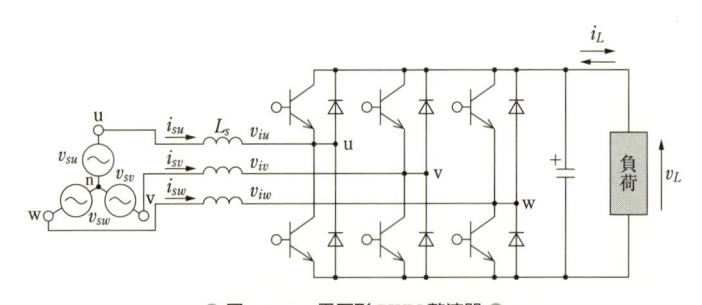

● 図12・5　電圧形PWM整流器 ●

（a）基本波成分等価回路　　　　（b）高調波成分等価回路

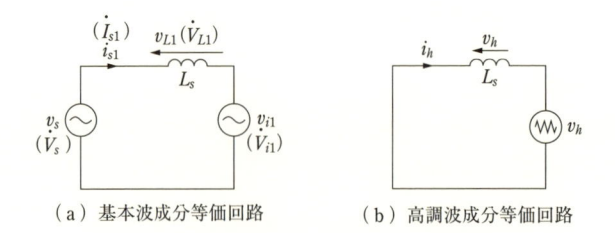

● 図12・6　PWM整流器の交流側1相分等価回路 ●

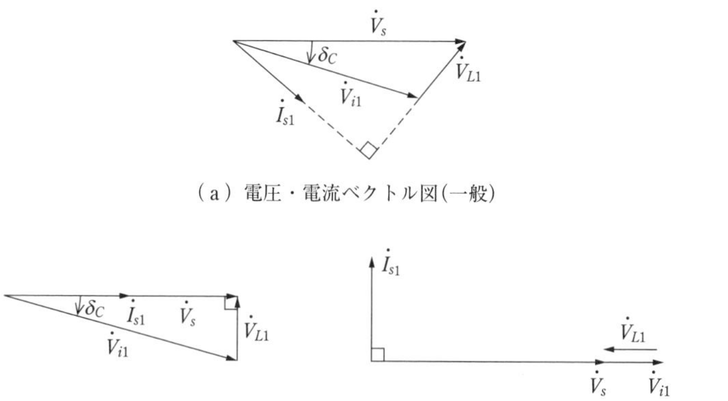

3 インバータで交流電動機を駆動してみよう

(a) 電圧・電流ベクトル図(一般)

(b) 基本波力率が1の場合　　(c) 基本波力率が0(進み無効電力のみ)の場合

● 図 12・7　電圧・電流基本波成分のベクトル図（リアクトルの抵抗無視）●

効電力 P_r は主に V_{i1} の大きさにより制御されることがわかる．特に，図 12・7 (b) に示すように，$V_{i1}\cos\delta_C = V_S$ の条件では入力基本波力率が1となり，同図 (c) のように $\delta_C = 0$ の条件では無効電力のみとなる．後者の場合，直流出力側にはコンデンサを接続するのみでよいが，PWM 整流器の電力損失を供給するために δ_C をわずかに正（遅れ）にする必要がある．また直流出力電圧は，相差角 δ_C または入力電流の有効成分の操作（有効電力の制御）により制御される．

さらに PWM 整流器は，入力電圧 v_i の制御により入力電流 i_S を任意の波形にすることができる．この性質を利用して，PWM 整流器を無効電力および高調波の補償を行う**アクティブフィルタ**（active filter）として用いることができる．アクティブフィルタについては参考図書 [1] を参照されたい．

3　インバータで交流電動機を駆動してみよう

インバータは，PWM 制御により任意の周波数，任意の電圧あるいは電流波形の出力ができ，電力の流れも双方向であるので，交流電動機の速度（回転速度），位置（回転角），力（トルク）の制御によく用いられている．交流電動機速度制御システムの構成図を**図 12・8** に示す．交流電動機には単相用と三相用とがあるが，インバータで制御する場合はほとんど三相用が使用される．一般に，交流電動機の磁束は一定に保持される場合が多いので，インバータは基本的には電圧と周波数の比がほぼ一定になるように制御される．ここで，電動機が機械的負荷を駆動

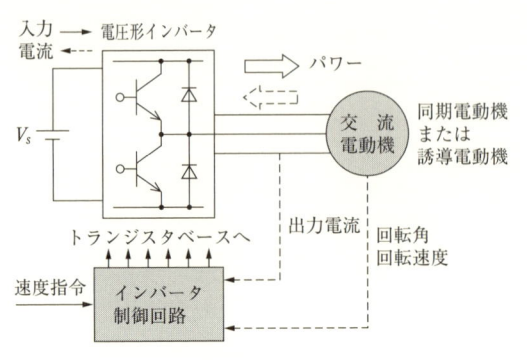

12章 インバータの原理と特性（2）

● 図 12・8　交流電動機の速度制御システム ●

するか加速状態にある場合は，パワーおよび入力電流の向きは右方向（実線の矢印）となる．これに対して，電動機が軽負荷の状態で減速を行う場合には，電動機の回転エネルギーを吸収するために，電動機は発電機として運転され，パワーおよび入力電流の向きは左方向（点線の矢印）となる．この場合，電動機の運動エネルギーが直流電源に戻される（エネルギーが**回生**される）ことになる．

〔1〕　同期電動機への応用

同期電動機制御システムは，インバータの周波数の決め方により，**周波数オープンループ制御**と**周波数クローズドループ制御**の二つに大別される．前者では，同期電動機の回転速度が正確に周波数で決まる点に注目し，周波数を指令値としてインバータの出力電圧を周波数にほぼ比例させる．これは，**V/F 一定制御**（constant Voltage/Frequency control）と呼ばれている．この制御法は，1台のインバータで複数台の同期電動機を同時に駆動できる特徴があるが，脱調の問題が存在する．後者の場合は，回転子の回転角情報を基に，界磁の磁極に面した電機子コイルの電流が最大になるように，三相インバータの各相の出力電流の位相が制御される．この結果，同期電動機のトルクはインバータ出力電流の振幅に比例する．速度制御あるいは位置制御を行う場合は，速度あるいは位置の偏差に応じて，電流の振幅を増減させるフィードバックループを組む．この制御法により，同期電動機を直流電動機と同等の制御特性にすることができる．

〔2〕　誘導電動機への応用

誘導電動機の場合も，周波数オープンループ制御（V/F 一定制御法）と周波数クローズドループ制御がある．V/F 一定制御では，同期電動機の場合と同様に 1

3 インバータで交流電動機を駆動してみよう

PWM整流器・PWMインバータの組み合わせとマトリクスコンバータ

　高速エレベータなどの大容量の電動機駆動システムでは，**図 12·9**（a）のように，三相交流電源から，電圧形 PWM 整流器により，いったん DC 電圧を作ってから電圧形 PWM インバータにより任意の周波数の交流が作られることが多い．この方式は，電源側電流波形，負荷側電流波形ともに正弦波にすることができ，電力の流れも双方向であるが，中間に大容量の電解コンデンサが必要であるので，装置が大がかりになる．

　一方，最近話題になっているのが，図 12·9（b）のマトリクスコンバータである．このコンバータは，9個の双方向スイッチと小容量の AC フィルタのみで構成され，中間の電解コンデンサを省略でき，図（a）の方式に比べて装置がかなりコンパクトである．しかも電源側電流波形，負荷側電流波形ともに正弦波にすることができ，電力の流れも双方向である．ただし，スイッチ部分には正負の電圧が印加されるので，パワー半導体デバイスには，逆耐圧を有するものを使用する必要がある．このため，現在逆耐圧特性を有する IGBT の開発が進められ，一部実用化されている．

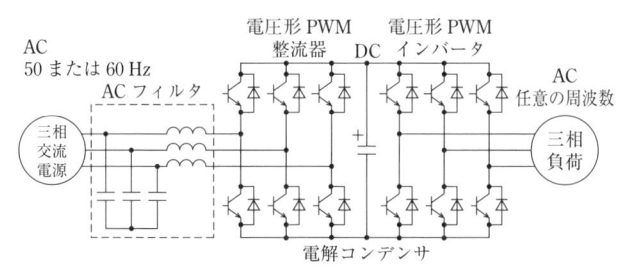

（a）PWM 整流器・PWM インバータ方式
（間接形 AC-AC 電力変換：AC-DC-AC 変換）

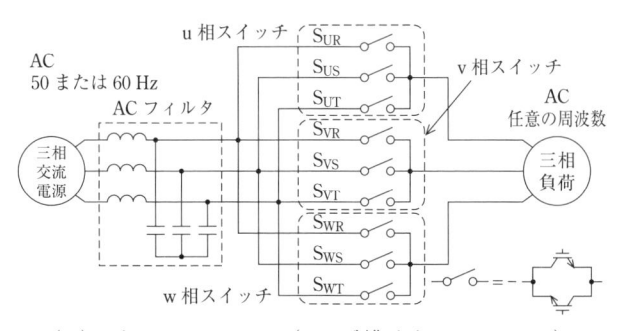

（b）マトリクスコンバータ（PWM 制御サイクロコンバータ）

● 図 12·9 ●

次周波数が指令入力であるが，負荷トルクがかかるとすべりが生じ，回転速度は正確に制御されない．したがって，本制御法は速度制御精度を要求しない用途に使用される．

周波数クローズドループ制御では，回転速度情報を基に，トルク指令値に対応したすべりを発生させるようにインバータの出力周波数（誘導電動機の1次周波数）を定め，1次電流の振幅および位相を励磁電流指令値とトルク指令値で決まる値に設定する．速度あるいは位置制御を行う場合は，速度あるいは位置の偏差に応じて，トルク指令値を増減させるフィードバックループを組む．この制御法により，誘導電動機を直流電動機と同等な特性にすることができる．

まとめ

① インバータの出力電圧・電流波形の改善法には，正弦波 PWM 制御法，多レベル化制御法，多重接続法がある．
② 三相正弦波 PWM 制御インバータでは，平衡負荷の場合，出力電力の低周波高調波成分がなくなり，入力電流の低周波脈動成分もなくなる．
③ 3レベルインバータは，出力電圧の変化幅およびパワー半導体デバイスの印加電圧を電源電圧の 1/2 にできるため，2レベルインバータより高調波を低減できる．逆に，同じ定格電圧のデバイスを用いた場合，出力電圧は2レベルインバータの2倍にでき，高電圧出力の用途に適している．
④ PWM 整流器は，入力電流波形を正弦波にでき，入力力率を1にできる．電力回生も可能である．

演習問題

問 1 三相電圧形インバータを正弦波 PWM 制御し，負荷が三相平衡負荷の場合，入力電流の区間平均値が脈動せず一定になることを確認せよ．

問 2 図 12·4 (a) の3レベルインバータ回路の左側上中下スイッチにおいて，A点の電圧 v_A がゼロの場合，出力電流がプラスの場合の電流の流れる経路を示せ．また，出力電流が負の場合はどうか．

問 3 図 12·6 の PWM 整流器において，リアクトルの抵抗 R が無視できない場合について，基本波入力力率を1にする条件を求めよ．また，このときの電流電圧ベクトル図を描け．

参 考 図 書

■序章■
[1] 電気学会半導体電力変換方式調査専門委員会編：半導体電力変換回路, 電気学会 (1987)
[2] 大野榮一編著：パワーエレクトロニクス入門（改訂4版）, オーム社 (2006)
[3] Richard G. Hoft 著, 河村篤男, 松井景樹, 西條隆繁, 木方靖二共訳：基礎パワーエレクトロニクス, コロナ社 (1988)
[4] 平紗多賀男編：パワーエレクトロニクス, 共立出版 (1992)

■1章■
[1] 電気学会半導体電力変換システム調査専門委員会編：パワーエレクトロニクス回路, オーム社 (2000)
[2] 大野榮一編著：パワーエレクトロニクス入門（改訂4版）, オーム社 (2006)
[3] 仁田旦三, 中岡睦雄共編：(新世代工学シリーズ) パワーエレクトロニクス, オーム社 (2005)

■2章■
[1] 電気学会・半導体電力変換システム調査専門委員会編：パワーエレクトロニクス回路, オーム社 (2000)
[2] 宮入庄太著：基礎パワーエレクトロニクス, 丸善 (1988)
[3] OHM編集部編：OHM 11月別冊 '99年版産業応用最新事例編パワーエレクトロニクス・ガイドブック, オーム社 (1998)
[4] 正田・深尾・嶋田・河村監修：パワーエレクトロニクスのすべて, オーム社 (1995)
[5] (財)関東電気保安協会編著：高圧自家用需要家の高調波障害・抑制対策事例Q&A, オーム社 (1998)
[6] 資源エネルギー庁公益事業部：家電・汎用品高調波抑制対策ガイドライン, 平成6年9月30日制定
[7] 資源エネルギー庁公益事業部：高圧又は特別高圧で受電する需要家の高調波抑制対策ガイドライン, 平成6年9月30日制定

■3, 4章■
[1] パワーデバイス高性能化・集積化技術の動向, 電気学会技術報告（Ⅱ部）第449号, 電気学会 (1992)
[2] 電気学会電気専門用語集 No.9, パワーエレクトロニクス, コロナ社 (2000)
[3] 正田英介, 天野比佐雄：最新パワーデバイス活用読本, オーム社 (1988)

■ 参 考 図 書

［4］ 電気学会半導体電力変換システム調査専門委員会編：パワーエレクトロニクス回路，オーム社（2000）
［5］ 大野榮一編著：パワーエレクトロニクス入門（改訂4版），オーム社（2006）

■5，6章■
［1］ 西方正司著：よくわかるパワーエレクトロニクスと電気機器，オーム社（1995）
［2］ 片岡昭雄著：パワーエレクトロニクス入門，森北出版（1997）

■7章■
［1］ 宮入庄太著：最新電気機器学，丸善（1974）
［2］ 宮入庄太著：パワーエレクトロニクス，丸善（1974）
［3］ ライネル・イェーガア著，野中作太郎，大口国臣共訳：パワーエレクトロニクス，森北出版（1984）

■8章■
［1］ 大野榮一編著：パワーエレクトロニクス入門（改訂4版），オーム社（2006）
［2］ ライネル・イェーガア著，野中作太郎，大口国臣共訳：パワーエレクトロニクス，森北出版（1984）
［3］ B.R.Pelly著，西條隆繁訳：サイクロコンバータ，電気書院（1976）

■9，10章■
［1］ 二宮保・東：共振形コンバータ電子技術，vol.31，No.3，pp.72～p.79（1989）
［2］ Mohan, T. M.Undeland & W. P.Robbins: Power Electronics and Design, John Wiley & Sons. Inc., p.189（1989）

■11章■
［1］ 電気学会半導体電力変換方式調査専門委員会編：半導体電力変換回路，電気学会（補助インパルス転流インバータ；pp.33～36）（1987）

■12章■
［1］ 電気学会半導体電力変換方式調査専門委員会編：半導体電力変換回路，電気学会（単相PWM制御高調波解析；pp.114～117，電流形PWMインバータ；pp.151～154，多重接続法：pp.96～108）（1987）

演習問題解答

■1章■

問1 パワーエレクトロニクスとは，パワーとエレクトロニクスとコントロールの技術分野が完全に融合したもの．電力変換とは，半導体デバイスを用いて電圧・電流・周波数・位相・相数・波形などの電気特性のうち，一つ以上を実質的な電力損失なしに変えること．詳細は序章参照．

問2 表1·1参照．

問3 表1·3参照．他にも調べてみよう．

■2章■

問1 式 (2·1) 参照．

問2 解答略

問3 [図2·1 (a)]

$$V_{\text{eff}} = \sqrt{\frac{1}{T}\int_0^T v^2(t)dt} = \sqrt{\frac{1}{T}\int_0^{T_{\text{on}}} V^2 dt} = V\sqrt{\frac{T_{\text{on}}}{T}}$$

V_{ave} は式 (2·3) 参照．

フーリエ級数については

$$v(t) = V \quad 0 \leqq t \leqq T_{\text{on}}, \quad v(t) = 0 \quad T_{\text{on}} \leqq t \leqq T$$

この $v(t)$ を式 (2·8) に代入し，a_o, a_n, b_n を求め，それぞれの値を式 (2·7) に代入すると

$$v(t) = V\left[\frac{\omega}{2\pi}T_{\text{on}} + \sum_{n=1}^{\infty}\frac{1-\cos n\omega T_{\text{on}}}{n\pi}\sin n\omega t + \sum_{n=1}^{\infty}\frac{\sin n\omega T_{\text{on}}}{n\pi}\cos n\omega t\right]$$

[図2·1 (b)]

V_{eff} は式 (2·5) 参照．

$V_{\text{ave}} = 0$

フーリエ級数については式 (2·15) 参照．

[図2·1 (c)]

V_{eff} は式 (2·6) 参照．

$V_{\text{ave}} = 0$

フーリエ級数については式 (2·20) 参照．

問4 式(2·9), (2·24)を求める際，$\int v(t)\cdot i(t)dt$ および $\int v^2(t)dt$ を求めると $\sin m\omega t$, $\cos n\omega t$ の積の積分計算が必要になる．もし任意の整数 m, n について $m \neq n$ ならば

$$\int_0^{2\pi} \sin m\theta \cdot \sin n\theta d\theta = 0, \qquad \int_0^{2\pi} \cos m\theta \cdot \sin n\theta d\theta = 0$$

$$\int_0^{2\pi} \cos m\theta \cdot \cos n\theta d\theta = 0$$

である．もし $m=n$ ならば

$$\int_0^{2\pi} \sin m\theta \cdot \sin m\theta d\theta = \pi, \qquad \int_0^{2\pi} \cos m\theta \cdot \sin m\theta d\theta = 0$$

$$\int_0^{2\pi} \cos m\theta \cdot \cos m\theta d\theta = \pi$$

を利用すれば，式 (2·9)，(2·24) が求まる．

問5 解答略

■3章■

問1 3章1節参照．

問2 3章3節〔1〕(b)「動作原理」参照．

問3 サイリスタでは再び順電圧が印加できるまでの時間，GTO では蓄積時間と立上り時間の和．

■4章■

問1 4章1節，2節および4節参照．

問2 パワートランジスタとパワー MOSFET の長所を併せもつ点に注目．

問3 サイリスタでは再び順電圧が印加できるまでの時間，パワートランジスタでは蓄積時間と立上り時間の和．

問4 4章4節参照．

■5章■

問1 $P_{L\max} = E^2/(4R_L) = 100 \times 100/40 = 250\,\mathrm{W}$

$P_{T\max} = P_{L\max} = E^2/(4R_L) = 100 \times 100/40 = 250\,\mathrm{W}$

問2 5章2節参照．

問3 $d = V_{\mathrm{ave}}/E = 60/100 = 0.6$

$T_{\mathrm{on}} = d \cdot T = 0.6 \times 1\,\mathrm{ms} = 0.6\,\mathrm{ms}$

問4 $V_{\mathrm{ave}} = E \times (2T_{\mathrm{on}} - T)/T$ から

$T_{\mathrm{on}} = T \times (V_{\mathrm{ave}}/E + 1)/2 = 0.5(-40/100 + 1)/2$

$\quad = 0.5 \times 0.6/2 = 0.15\,\mathrm{ms}$

問5 $E_{\text{eff}} = \sqrt{\dfrac{1}{T}\int_0^{T_{\text{on}}} v^2 dt} = \sqrt{\dfrac{1}{T}\int_0^{T_{\text{on}}} E^2 dt} = \sqrt{\dfrac{E^2}{T}\int_0^{T_{\text{on}}} dt} = \sqrt{\dfrac{E^2 T_{\text{on}}}{T}} = E\sqrt{\dfrac{T_{\text{on}}}{T}}$

■6章■

問1 $P = E \times I \times \Delta T \times (2f)/6$
　　　$= 200 \times 100 \times 2 \times 10^{-6} \times 20 \times 10^3 / 6$
　　　$= (8/6) \times 10^2 = 400/3\,\text{W}$

問2 ① $P_{\text{on}} = V_{\text{on}} \times I_{\text{on}} \times (T_{\text{on}}/T)$
　　　　　$= 1.5 \times 100 \times 0.5 = 75\,\text{W}$
　　② $V_{CE2} = V_{CE1} + V_{BE2} = 1.0 + 1.5 = 2.5\,\text{V}$
　　　　$P_{\text{on}} = V_{CE2} \times I_{\text{on}} \times (T_{\text{on}}/T) = 2.5 \times 100 \times 0.5 = 125\,\text{W}$

問3 $P_{\text{off}} = V_{\text{off}} \times I_{\text{off}} \times (T_{\text{off}}/T) = 200 \times 10 \times 10^{-6} \times 0.5 = 10^{-3}\,\text{W}$

問2の①より，P_{on} は 75 W で，これに比べると P_{off} は 10^{-3} W と非常に小さいため考慮しなくても良い．

問4 ① 安全動作域の確保
　　② サージ電圧抑制
　　③ スイッチング損失の低減

■7章■

問1 (1) $L = 0$ の場合　$P = 100^2 / 10 = 1\,000\,\text{W}$
　　(2) $L \to \infty$ の場合　$P = RI_d^2 = 10 \times [2\sqrt{2} \times 100/(\pi \times 10)]^2 = 811\,\text{W}$
　　$L = 0$ の場合は脈動分（高調波成分）が多いため，P が大きくなる．

問2 基本波力率は図 7・6 (d) の波形から $\cos\alpha$ となる（2章の式 (2・5)，(2・17)，(2・26) 参照）．

　　i_S の実効値は $i_d = I_d$，負荷の消費電力は $E_d I_d$ であるから総合力率 λ は次式になり，α が 90 度に近づくほど力率が悪くなる（2章の式 (2・5)，(2・25) 参照）．
　　$\lambda = (2\sqrt{2}/\pi)VI_d\cos\alpha / (VI_d) = (2\sqrt{2}/\pi)\cos\alpha \cong 0.90\cos\alpha$

問3 (1) $E_d = \dfrac{1}{\pi}\int_0^\pi \sqrt{2}\,V\sin\omega t\,d(\omega t) + \dfrac{1}{\pi}\int_\alpha^{\pi+\alpha} \sqrt{2}\,V\sin\omega t\,d(\omega t)$

　　　　　$= \dfrac{2\sqrt{2}\,V}{\pi}(1 + \cos\alpha) = \dfrac{2\sqrt{2}}{\pi} \times 100\left(1 + \cos\dfrac{\pi}{3}\right) \approx 135\,\text{V}$

　　　　$I_d = \dfrac{E_d}{R} = 13.5\,\text{A}$

　　(2) E_d の最大値は $\alpha = 0$ のときで，$E_{d\text{max}} \approx 180\,\text{V}$
　　　　E_d の最小値は $\alpha \approx \pi$ のときで，$E_{d\text{min}} \approx 0\,\text{V}$

■8章■

問1 (1) ダイオードブリッジ整流回路は $\alpha=0$ の場合と等価である．したがって

$$E_d = \frac{3\sqrt{2}}{\pi} V_l \cong 1.35 V_l = 270\,\text{V}$$

$$I_d = \frac{E_d}{R} \cong 27.0\,\text{A}$$

(2) 電源電流実効値は $I = \sqrt{\frac{2}{3}} I_d \cong 22.0\,\text{A}$，基本波成分は $i_1 = \frac{2\sqrt{3}}{\pi} I_d \sin\theta$ であるから，基本波実効値は $I_1 = \frac{\sqrt{6}}{\pi} I_d \cong 21.1\,\text{A}$

i_1 の基本波は v_1 と同位相で，基本波力率は $\cos\alpha = \cos 0 = 1$ となる．

問2 $v_1 = \sqrt{2}\,V\sin\theta$，$v_3 = \sqrt{2}\,V\sin\left(\theta + \frac{2\pi}{3}\right)$ とすると，$v_1 - v_3 = \sqrt{6}\,V\sin\left(\theta - \frac{\pi}{6}\right)$

したがって，$\dfrac{di_1}{d\theta} = \dfrac{\sqrt{6}\,V}{2\omega l_S}\sin\left(\theta - \dfrac{\pi}{6}\right)$

$\theta = 0$ で $i_1 = 0$，$\theta = \pi/6 + \alpha + u$ で $i_1 = I_d$ の条件でこの式を解くと，次の式が得られる

$$\cos\alpha - \cos(\alpha + u) = \frac{2\omega l_S}{\sqrt{6}\,V} I_d$$

I_d が増加するほど，u が大きくなることがわかる．

問3 問2の解から

$$I_d = \frac{\sqrt{2}\,V_l}{2\omega l_S}[\cos\alpha - \cos(\alpha+u)] \cong \frac{200\sqrt{2}}{2\times 0.2} \times 0.1 \cong 70.7\,\text{A}$$

T_1 に加わる電圧波形を図①に示す．I_d が増加すると重なり角が大きくなり，逆バイアス期間が減少する．

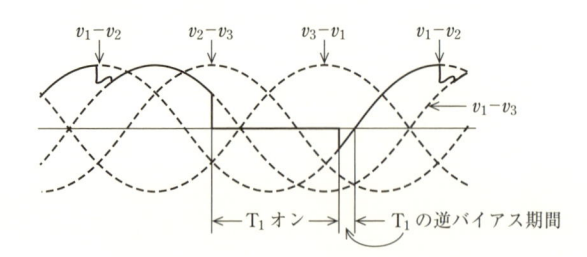

● 図① サイリスタ T_1 に加わる電圧波形 ●

■9章■

問1 (1) 図②に波形を示す.

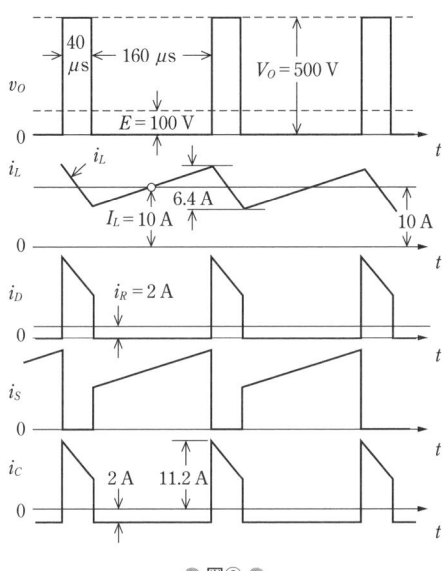

```
      40
      μs ← 160 μs →
v_O        |        | V_O = 500 V
  ─ ─ ─ ─ ─ ─ ─ ─ ─ ─ ─
          E = 100 V
  0 ─────────────────── t

i_L       i_L
              6.4 A
      I_L = 10 A        10 A
  0 ─────────────────── t

i_D
          i_R = 2 A
  0 ─────────────────── t

i_S
  0 ─────────────────── t

i_C
       2 A  11.2 A
  0 ─────────────────── t
```

● 図② ●

(2) $100 = 2.5\,\mathrm{mH} \times \dfrac{\Delta I_{\mathrm{ON}}}{160\,\mu\mathrm{s}}$, $\Delta I_{\mathrm{ON}} = 6.4\,\mathrm{A}$

$V_0 = \dfrac{E}{1-\alpha} = \dfrac{100}{0.2} = 500\,\mathrm{V}$

$E \times I_L = 100 \times 10 = 1\,\mathrm{kW}$

$V_0 \times I_Z = 500 \times 2 = 1\,\mathrm{kW}$

問2 (1) $V_c = \dfrac{0.5}{1-0.5} 100 = 100\,\mathrm{V}$

$I_R = 100/10 = 10\,\mathrm{A}$, 図③ (a) のようになる.

(2) t_{OFF} のときの C の充電電流 I_{OFF}

$V_c = V_o - R_c I_{\mathrm{OFF}}$ (コンデンサ電圧)

t_{ON} のときの C の放電電流 I_{ON}

$V_0' = V_c - R_c I_{\mathrm{ON}}$ (出力電圧)

$I_{\mathrm{ON}} = \dfrac{V_c}{R+R_c} = \dfrac{V_o - R_c I_{\mathrm{OFF}}}{R+R_c} = \dfrac{100 - 0.5 I_{\mathrm{OFF}}}{10+0.5}$

$I_{\mathrm{OFF}} \cdot t_{\mathrm{OFF}} = I_{\mathrm{ON}} \cdot t_{\mathrm{ON}}$, $t_{\mathrm{ON}} = t_{\mathrm{OFF}}$ ゆえに $I_{\mathrm{ON}} = I_{\mathrm{OFF}}$ であるから

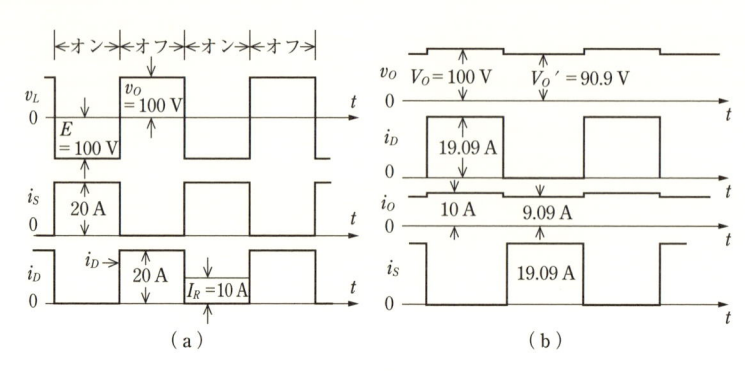

$$\therefore I_{ON} = I_{OFF} = \frac{100}{11} = 9.09 \, \text{A}$$

$\therefore V_C = 95.45 \, \text{V}, \quad V_C' = 90.9 \, \text{V}, \quad$図③（b）のようになる．

$$P_L(損失) = R_c I_e^2 (実効値) = R_c \left\{ \sqrt{\frac{1}{T} \left(\int_0^{t_{ON}} I_{ON}^2 dt + \int_0^{t_{OFF}} I_{OFF}^2 dt \right)} \right\}^2,$$

この場合，$I_{ON} = I_{OFF}$

$\therefore P_L = R I_{ON}^2 = 0.5 \times 9.09^2 = 41.3 \, \text{W}$

$P_1 = 100 \times 19.09 \times \alpha = 954 \, \text{W}$

問3　$40 = \dfrac{V_o^2}{10} \quad \therefore V_o = 20 \, \text{V}$

$$f_s = \frac{1}{2\pi\sqrt{L_s C_s}} = 71.2 \, \text{kHz}$$

$\dfrac{V_o}{E} = \dfrac{f_r}{f_s} \quad \therefore f_r = 28.5 \, \text{kHz}$

■ 10章 ■

問1　出力電圧　$V_o = d \dfrac{n_2}{n_1} E$

$i_S = d \times \dfrac{1}{3} \times 140 \quad \therefore d = 0.321$

問2　オン時：$v_{n1} = 140 \, \text{V}, \quad v_{n2} = 14 \, \text{V}, \quad v_{n3} = 140 \, \text{V}$
　　　　　　　$v_{D2} = 0 \, \text{V}, \quad v_D = 14 \, \text{V}, \quad v_{D3} = 140 \, \text{V}$

　　　　オフ時：$v_{n1} = -140 \, \text{V}, \quad v_{n3} = -140 \, \text{V}, \quad v_{n2} = -14 \, \text{V}$
　　　　　　　$v_{D2} = -14 \, \text{V}, \quad v_D = 0 \, \text{V}, \quad v_{D3} = 0 \, \text{V}$

問3 オフ時：$v_{n1}=-100\,\mathrm{V}$, $v_{n2}=10\,\mathrm{V}$, $v_S=200\,\mathrm{V}$, $v_D=0\,\mathrm{V}$
オン時：$v_{n1}=100\,\mathrm{V}$, $v_{n2}=-10\,\mathrm{V}$, $v_S=0\,\mathrm{V}$, $v_D=20\,\mathrm{V}$
オンオフ時とも $v_R=10\,\mathrm{V}$

11章

問1 期間 T_1 の始めを時間の原点とし，期間 T_1, T_2 の i の初期値を I_1, I_2 とする．

［LR回路の場合］ $\tau=L/R$ として，

$$i=i_1=V_s/R-(V_s/R-I_1)e^{-t/\tau} \quad (期間\ T_1)$$
$$i=i_2=-V_s/R-(V_s/R-I_2)e^{-(t-T/2)/\tau} \quad (期間\ T_2)$$

電流の連続性および定常状態の条件より

$$i_1=(T/2)=I_2, \quad i_2(T)=I_1$$

これより

$$I_1=-I_2=-(V_s/R)(1-\alpha)/(1+\alpha)\,;\,\alpha=e^{-T/2\tau}$$

$\tau=T/10$ のとき， $I_1=-0.99\,(V_s/R)$
$\tau=T/2$ のとき， $I_1=-0.46\,(V_s/R)$
$\tau=2T$ のとき， $I_1=-0.12\,(V_s/R)$

結果を図④(a)に示す．

［CR回路の場合］ $\tau=CR$ として，

$$i=i_1=I_1 e^{-t/\tau} \quad (期間\ T_1)$$
$$i=i_2=I_2 e^{-(t-T/2)/\tau} \quad (期間\ T_2)$$

コンデンサ端子電圧の連続性および定常状態の条件より

$$i_1=(T/2)-2V_s/R=I_2, \quad i_2=(T)+2V_s/R=I_1$$

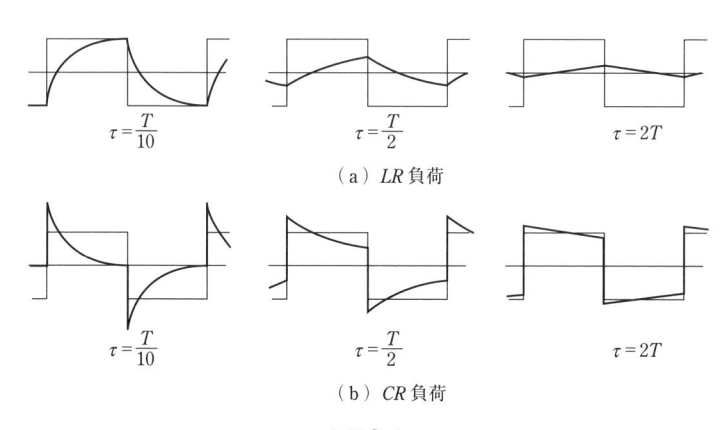

$\tau=\dfrac{T}{10}$　　$\tau=\dfrac{T}{2}$　　$\tau=2T$

(a) LR負荷

$\tau=\dfrac{T}{10}$　　$\tau=\dfrac{T}{2}$　　$\tau=2T$

(b) CR負荷

● 図④ ●

これより

$$I_1 = -I_2 = -(2V_s/R)/(1+\alpha)\ ;\ \alpha = e^{-T/2\tau}$$

$\tau = T/10$ のとき，　$I_1 = 1.99\ (V_s/R)$

$\tau = T/2$ のとき，　$I_1 = -1.46\ (V_s/R)$

$\tau = 2T$ のとき，　$I_1 = -1.12\ (V_s/R)$

結果を図④ (b) に示す.

問2 図11・6 (a) より，$v_{u0} + v_{v0} + v_{w0} = v_{un} + v_{vn} + v_{wn} + 3v_{n0}$ となる.

ここで $i_u + i_v + i_w = 0$ が成立しているので，負荷が平衡であるとすると，$v_{un} + v_{vn} + v_{wn} = Z(i_u + i_v + i_w) = 0$ が成り立つ.

したがって，$v_{u0} + v_{v0} + v_{w0} = 3v_{n0}$ となり式 (11・5) が成り立つ.

問3 (1) 2章1節で述べられている方法で級数の係数を求めると，次式が得られる.

$$v_{un} = \frac{2V_s}{\pi}\left(\sin\omega t + \frac{1}{5}\sin 5\omega t + \frac{1}{7}\sin 7\omega t + \frac{1}{11}\sin 11\omega t + \frac{1}{13}\sin 13\omega t + \cdots\right)$$

上式より，v_{un} には3次高調波が含まれていないことがわかる.

(2) v_{no} の波高値が $V_s/6$ で周期が $T/6$ であることに注意して級数を求めると

$$v_{no} = \frac{2V_s}{\pi}\left(\frac{1}{3}\sin 3\omega t + \frac{1}{9}\sin 9\omega t + \frac{1}{15}\sin 15\omega t + \cdots\right)$$

となる. また，v_{uo} の級数を求めると，次式が得られる.

$$v_{uo} = \frac{2V_s}{\pi}\left(\sin\omega t + \frac{1}{3}\sin 3\omega t + \frac{1}{5}\sin 5\omega t + \frac{1}{7}\sin 7\omega t + \frac{1}{9}\sin 9\omega t + \cdots\right)$$

上の2式を比較すると，v_{no} は v_{uo} の $3k$ 次 ($k=1, 3, 5, \cdots$) 高調波成分を集めたものとなっている. これは，$v_{un} = v_{uo} - v_{no}$ の関係からもわかる.

問4 単相電圧形インバータの出力電圧に含まれる周波数成分は，$f, 3f, 5f, \cdots, nf, \cdots$ ($n=2k-1\ ;\ k=1, 2, 3, \cdots$) 成分である. n 次成分の電圧に対する LCR 直列回路のインピーダンス Z_n は，$\dot{Z}_n = j(n\omega L - 1/n\omega C) + R$ である. ここで，$\omega = 2\pi f = 2\pi f_0 = \omega_0 = 1/\sqrt{LC}$ を考慮すると，$\dot{Z}_n = j(n - 1/n)\omega L + R$ となる. よって，

$$\dot{Z}_1 = R,\ \dot{Z}_3 = j2.67\omega L + R,\ \dot{Z}_5 = j4.8\omega L + R,\ \dot{Z}_7 = j6.86\omega L + R,\ \cdots$$

Q ファクタが1より十分大きい場合は $\omega L \gg R$ なので，$Z_1 \ll Z_n$ ($n=3, 5, 7, \cdots$) となり，高調波電流に比べて基本波電流が極めて大きくなるので，出力電流は正弦波状になる.

■12章■

問1 三相の PWM 信号 S_a, S_b, S_c の区間平均値（デューティファクタ）は

$$\bar{S}_a(t) = \alpha_a(t) = (1 + a\sin\omega t)/2$$
$$\bar{S}_b(t) = \alpha_b(t) = \{1 + a\sin(\omega t - 2\pi/3)\}/2$$
$$\bar{S}_c(t) = \alpha_c(t) = \{1 + a\sin(\omega t - 4\pi/3)\}/2$$

となる．また，三相出力電流が

$$i_a(t) = I_m \sin(\omega t + \phi)$$
$$i_b(t) = I_m \sin(\omega t + \phi - 2\pi/3)$$
$$i_b(t) = I_m \sin(\omega t + \phi - 4\pi/3)$$

で表されるものとすると，

$$\bar{i}_d(t) = i_a(t)\alpha_a(t) + i_b(t)\alpha_b(t) + i_c(t)\alpha_c(t)$$
$$= (3/4)aI_m\cos\phi \quad (\text{一定})$$

問2 A点の電圧 v_A が 0 のとき，オンするスイッチは T_2（または D_2）と T_3（または D_3）である．このとき，出力電流（負荷電流）が正の場合の電流経路は

o 点（o′ 点）→ D_9 → T_2 → L → 負荷

となる．また，出力電流（負荷電流）が負の場合の電流経路は

負荷 → L → T_3 → D_{10} → o 点（o′ 点）

となる．

問3 図⑤より，無効電力 P_r は

$$P_r = \frac{X_S V_S (V_{i1}\cos\delta_C - V_s) + R_S V_S V_{i1}\sin\delta_C}{R_S^2 + X_S^2}$$

となる．入力基本波力率が 1 の条件は，$P_r = 0$ より

$$\cos\delta_c + (R_S/X_S)\sin\delta_c = V_S/V_{i1}$$

である．また，この場合の電圧，電流ベクトルの関係を図⑥に示す．

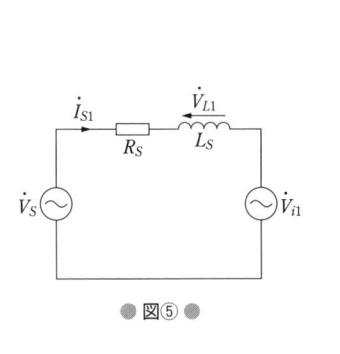

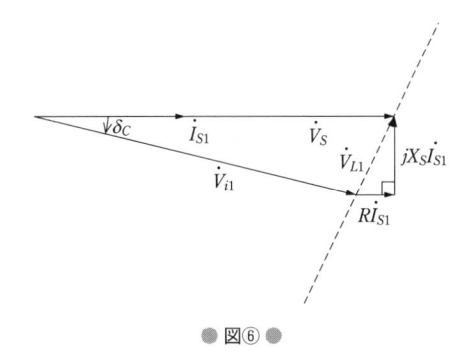

● 図⑤ ●

● 図⑥ ●

索　引

▶ 英数字 ◀

DC-DC コンバータ　　104

GTO　　10

IGBT　　10, 49
IPM　　11

MOSFET　　10

PAM　　78
PWM インバータ　　136
PWM 制御　　13, 64, 136
PWM 整流器　　141

RCC　　121

SOA　　46, 75

UPS　　17

V/F 一定制御　　144

ZCS　　73, 113
ZCS 形降圧チョッパ　　113
ZVS　　72, 113

3 レベルインバータ　　140

▶ ア　行 ◀

アクティブフィルタ　　18, 28
アノードリアクトル　　39
安全動作領域　　46, 75

インテリジェントパワーモジュール　　11

インバータ　　6, 125
インバータ回路　　5, 13
インバータ制御　　15

エレクトロニクス　　2

遅れ時間　　37
オフゲート電流　　40
オンオフ機能可制御デバイス　　10, 32
オン機能可制御デバイス　　10, 32
オンゲート電流　　41
オン損失　　45, 72
オン抵抗　　47

▶ カ　行 ◀

回生　　144
角周波数　　21
下降時間　　40
重なり角　　98
環流ダイオード　　60, 84, 119
環流モード　　132

機械的スイッチ　　59
帰還ダイオード　　48, 63, 129
寄生容量　　48
基本波　　22
基本波力率　　26, 97
逆回復電荷　　37
逆降伏電圧　　33
逆阻止 3 端子サイリスタ　　34
逆バイアス　　37
逆変換　　6
逆変換動作　　90
キャリヤ　　61
共振形コンバータ　　113

区間平均　　138

索引

ゲートターンオフ電荷　40
ゲートドライブ　66

降圧チョッパ　104
高周波漏れ電流　27
高調波　22
高調波含有率　131
交流チョッパ　104
交流電力調整回路　12, 99
コントロール　2

▶ サ 行 ◀

サイクロコンバータ　13, 100
最大コレクタ損失　46
サイリスタ　1, 34
サイリスタレオナード制御　16
三角波キャリヤ　137
三相サイリスタブリッジ整流回路　94
三相電圧形インバータ　133
残留電圧　72

自己消弧形デバイス　10, 32
実効値　21
時比率　106
遮断電流　40
遮断領域　45, 57
周期　21
周波数　21
周波数オープンループ制御　144
周波数クローズドループ制御　144
周波数制御　16
受動フィルタ　28
順変換　6, 80
順変換回路　12, 70
順変換器　80
順変換動作　89
昇圧チョッパ　108
昇降圧チョッパ　111
少数キャリヤ　49

自励式インバータ　125
自励式順変換器　131, 140
自励式変換器　89

スイッチング時間　70
スイッチング損失　70, 128
スイッチングデバイス　58
スイッチング動作　57
スイッチングレギュレータ　104
スナバ回路　38, 41, 76
スナバコンデンサ　42
スパイク電圧　42
スピードアップコンデンサ　67

制御遅れ角　87
制御進み角　90
正弦波 PWM 制御　136
静電結合　27
整流　80
整流回路　5, 12
整流器　6, 80
整流器動作　89
ゼロ電圧スイッチング　72, 113
ゼロ電流スイッチング　73, 113, 128

総合力率　25, 97
相差角　142
ソフトスイッチング　72, 113

▶ タ 行 ◀

ダイオード　2, 33
太陽光発電　17
多重化　53
多重接続　136
多重接続法　141
立上り時間　37
立下り時間　45
ダーリントン接続　67
ダーリントントランジスタ　44
他励式インバータ　125

索　引

他励式インバータ動作　90
他励式順変換器　131
他励式変換器　89
多レベルインバータ　140
多レベル化　136
ターンオフ　34, 39
ターンオフ遅れ時間　48
ターンオフ下降時間　48
ターンオフゲイン　40
ターンオフ時間　38, 45
ターンオン　34
ターンオン遅れ時間　48
ターンオン時間　37, 45
ターンオン立上り時間　48
単相混合ブリッジ整流回路　90
単相コンデンサインプット形ブリッジ整流回路　91
単相サイリスタブリッジ整流回路　87
単相ダイオードブリッジ整流回路　86
単相半波ダイオード整流回路　81

蓄積キャリヤ　37
蓄積時間　40, 45
チャネル　47
チョークインプット形　86
直流送電　15
直流チョッパ　104
直流偏磁　27, 29
チョッパ　104
チョッパ回路　5, 13, 60
チョッパ制御　16

定常損失　72
テイル電流　40
デッドタイム　74
デューティファクタ　60, 107
デューティファクタ制御　60, 136
電圧形インバータ　126

電圧駆動形　47
電磁波ノイズ　27
電磁誘導　27
転流　84
転流回路　69
転流リアクタンス　97
転流リアクタンス電圧降下　99
電流形インバータ　126
電力増幅回路　56
電力損失　56
電力の制御　5
電力の変換　5

導通損失　72
トランジスタ　1

▶▶ ナ　行 ◀◀

二次降伏　46

▶▶ ハ　行 ◀◀

ハードスイッチング　72
パルス数　95
パルス振幅変調　78
パルス幅制御法　132
パルス幅変調制御　136
パワー　2
パワーエレクトロニクス　1
パワートランジスタ　44
パワー半導体デバイス　2, 10, 31
パワー MOSFET　47
半導体スイッチ　9, 59
半導体電力変換装置　5

非可制御デバイス　10, 32
ひずみ波形　20
ひずみ波電力　25
ひずみ率　26, 97
漂遊静電容量　27

フィードバック制御回路　118

索引

フォトカプラ　*118*
フォワードコンバータ　*118*
フライバックコンバータ　*120*
フーリエ級数　*22*
ブリッジ回路　*62*
ブレークオーバ　*34*

平滑リアクトル　*84*
平均値　*21*
ベースドライブ　*66*
変調率　*137*

飽和領域　*45, 57*
補助インパルス転流インバータ　*129*

▶ **マ　行** ◀

マイクロエレクトロニクス　*1*

マクマレーインバータ　*130*
マトリクスコンバータ　*145*

無効電力補償装置　*18*
無停電電源装置　*17*

モジュール　*53*

▶ **ヤ　行** ◀

ユニポーラ形　*47*

▶ **ラ　行** ◀

リセット　*119*
リセット巻線　*120*
リプル　*105*

〈編著者・著者略歴〉

堀　　孝正（ほり　たかまさ）
1961 年　大阪大学工学部電気工学科卒業
1970 年　工学博士
現　在　愛知工科大学名誉教授

鳥井昭宏（とりい　あきひろ）
1994 年　名古屋大学大学院工学研究科博士課程
　　　　電子機械工学専攻修了
1994 年　博士（工学）
現　在　愛知工業大学工学部電気学科電気工学
　　　　専攻准教授

植田明照（うえだ　あきてる）
1965 年　名古屋大学工学部電気学科卒業
1989 年　工学博士
現　在　愛知工業大学工学部電気学科電気工学
　　　　専攻教授

恩田　一（おんだ　はじめ）
1970 年　静岡大学大学院工学研究科電気工学専
　　　　攻修了
2000 年　博士（工学）
　　　　元静岡理工科大学電気電子工学科教授

林　和彦（はやし　かずひこ）
1972 年　名古屋大学大学院工学研究科博士課程修了
1982 年　工学博士
現　在　名城大学理工学部電気電子工学科准教授

松井景樹（まつい　けいじゅ）
1965 年　愛媛大学工学部電気学科卒業
1982 年　工学博士
現　在　中部大学名誉教授

石田宗秋（いしだ　むねあき）
1980 年　名古屋大学大学院工学研究科博士課程修了
1980 年　工学博士
現　在　三重大学大学院工学研究科電気電子工学専
　　　　攻教授

- 本書の内容に関する質問は、オーム社ホームページの「サポート」から、「お問合せ」の「書籍に関するお問合せ」をご参照いただくか、または書状にてオーム社編集局宛にお願いします。お受けできる質問は本書で紹介した内容に限らせていただきます。なお、電話での質問にはお答えできませんので、あらかじめご了承ください。
- 万一、落丁・乱丁の場合は、送料当社負担でお取替えいたします。当社販売課宛にお送りください。
- 本書の一部の複写複製を希望される場合は、本書扉裏を参照してください。
  JCOPY <出版者著作権管理機構　委託出版物>

新インターユニバーシティ
パワーエレクトロニクス

2008 年 11 月 15 日　　第 1 版第 1 刷発行
2023 年 7 月 10 日　　第 1 版第 17 刷発行

編著者　堀　　孝正
発行者　村上和夫
発行所　株式会社　オーム社
　　　　郵便番号　101-8460
　　　　東京都千代田区神田錦町 3-1
　　　　電話　03(3233)0641(代表)
　　　　URL　https://www.ohmsha.co.jp/

© 堀　孝正 2008

印刷　中央印刷　　製本　協栄製本
ISBN978-4-274-20627-6　Printed in Japan

新インターユニバーシティシリーズ のご紹介

- 全体を「共通基礎」「電気エネルギー」「電子・デバイス」「通信・信号処理」「計測・制御」「情報・メディア」の6部門で構成
- 現在のカリキュラムを総合的に精査して，セメスタ制に最適な書目構成をとり，どの巻も各章1講義，全体を半期2単位の講義で終えられるよう内容を構成
- 実際の講義では担当教員が内容を補足しながら教えることを前提として，簡潔な表現のテキスト，わかりやすく工夫された図表でまとめたコンパクトな紙面
- 研究・教育に実績のある，経験豊かな大学教授陣による編集・執筆

● 各巻 定価(本体2300円【税別】)

電子回路
岩田 聡 編著 ■ A5判・168頁

【主要目次】 電子回路の学び方／信号とデバイス／回路の働き／等価回路の考え方／小信号を増幅する／組み合わせて使う／差動信号を増幅する／電力増幅回路／負帰還増幅回路／発振回路／オペアンプ／オペアンプの実際／MOSアナログ回路

ディジタル回路
田所 嘉昭 編著 ■ A5判・180頁

【主要目次】 ディジタル回路の学び方／ディジタル回路に使われる素子の働き／スイッチングする回路の性能／基本論理ゲート回路／組合せ論理回路（基礎／設計）／順序論理回路／演算回路／メモリとプログラマブルデバイス／A-D, D-A変換回路／回路設計とシミュレーション

電気・電子計測
田所 嘉昭 編著 ■ A5判・168頁

【主要目次】 電気・電子計測の学び方／計測の基礎／電気計測（直流／交流）／センサの基礎を学ぼう／センサによる物理量の計測／計測値の変換／ディジタル計測制御システムの基礎／ディジタル計測制御システムの応用／電子計測器／測定値の伝送／光計測とその応用

システムと制御
早川 義一 編著 ■ A5判・192頁

【主要目次】 システム制御の学び方／動的システムと状態方程式／動的システムと伝達関数／システムの周波数特性／フィードバック制御系とブロック線図／フィードバック制御系の安定解析／フィードバック制御系の過渡特性と定常特性／制御対象を用いた制御系設計／時間領域での制御系の解析・設計／非線形システムとファジィ・ニューロ制御／制御応用例

パワーエレクトロニクス
堀 孝正 編著 ■ A5判・170頁

【主要目次】 パワーエレクトロニクスの学び方／電力変換の基本回路とその応用例／電力変換回路で発生するひずみ波形の電圧，電流，電力の取扱い方／パワー半導体デバイスの基本特性／電力の変換と制御／サイリスタコンバータの原理と特性／DC-DCコンバータの原理と特性／インバータの原理と特性

電気エネルギー概論
依田 正之 編著 ■ A5判・200頁

【主要目次】 電気エネルギー概論の学び方／限りあるエネルギー資源／エネルギーと環境／発電機のしくみ／熱力学と火力発電のしくみ／核エネルギーの利用／原子力発電と水力発電のしくみ／化学エネルギーから電気エネルギーへの変換／光から電気エネルギーへの変換／熱エネルギーから電気エネルギーへの変換／再生可能エネルギーを用いた種々の発電システム／電気エネルギーの伝送／電気エネルギーの貯蔵

電力システム工学
大久保 仁 編著 ■ A5判・208頁

【主要目次】 電力システム工学の学び方／電力システムの構成／送電・変電機器・設備の概要／送電線路の電気特性と送電容量／有効電力と無効電力の送電特性／電力システムの運用と制御／電力系統の安定性／電力システムの故障計算／過電圧とその保護・協調／電力システムにおける開閉現象／配電システム／直流送電／環境にやさしい新しい電力ネットワーク

固体電子物性
若原 昭浩 編著 ■ A5判・152頁

【主要目次】 固体電子物性の学び方／結晶を作る原子の結合／原子の配列と結晶構造／結晶による波の回折現象／固体中を伝わる波／結晶格子原子の振動／自由電子気体／結晶内の電子のエネルギー帯構造／固体中の電子の運動／熱平衡状態における半導体／固体での光と電子の相互作用

もっと詳しい情報をお届けできます。
※書店に商品がない場合または直接ご注文の場合は，右記宛にご連絡ください。

ホームページ http://www.ohmsha.co.jp/
TEL/FAX TEL.03-3233-0643 FAX.03-3233-3440

(定価は変更される場合があります)